配网专业实训技术丛书

配电线路运维与检修技术

主　编　徐大军　张　波
副主编　王秋梅　朱明柱　杨陆锋

中国水利水电出版社
www.waterpub.com.cn
· 北京 ·

内 容 提 要

本书是《配网专业实训技术丛书》之一，主要内容包括：10kV架空线路基本知识，架空线路安装、工艺标准及验收，架空线路巡检项目要求及运行维护，架空线路的状态检修，架空线路反事故技术措施及要求，接地装置的运行检修，架空线路典型故障案例分析，电力电缆基本知识，电缆的敷设、安装及验收，电缆巡检项目要求及运行维护，电力电缆的状态检修，电缆反事故技术措施及要求，电缆典型故障案例分析。本书对部分新技术应用予以介绍，力求与实际紧密结合、理论与实际操作并重。

本书既可作为从事配电线路运行管理、检修调试、设计施工和教学等相关人员的专业参考书和培训教材，也可作为高等院校相关专业师生的教学参考用书。

图书在版编目（CIP）数据

配电线路运维与检修技术 / 徐大军，张波主编. -- 北京 : 中国水利水电出版社，2018.2(2024.10重印).
（配网专业实训技术丛书）
ISBN 978-7-5170-6314-8

Ⅰ. ①配… Ⅱ. ①徐… ②张… Ⅲ. ①配电线路－电力系统运行②配电线路－检修 Ⅳ. ①TM726

中国版本图书馆CIP数据核字(2018)第030556号

书　　名	配网专业实训技术丛书 **配电线路运维与检修技术** PEIDIAN XIANLU YUNWEI YU JIANXIU JISHU
作　　者	主　编　徐大军　张　波 副主编　王秋梅　朱明柱　杨陆锋
出版发行	中国水利水电出版社 （北京市海淀区玉渊潭南路1号D座　100038） 网址：www. waterpub. com. cn E-mail：sales@mwr. gov. cn 电话：(010) 68545888（营销中心）
经　　售	北京科水图书销售有限公司 电话：(010) 68545874、63202643 全国各地新华书店和相关出版物销售网点
排　　版	北京时代澄宇科技有限公司
印　　刷	天津嘉恒印务有限公司
规　　格	184mm×260mm　16开本　11印张　261千字
版　　次	2018年2月第1版　2024年10月第3次印刷
印　　数	5001—6000册
定　　价	**58.00**元

#《配网专业实训技术丛书》

丛 书 编 委 会

本书编委会

主　　编　徐大军　张　波

副主编　王秋梅　朱明柱　杨陆锋

参编人员　蒋红亮　陈崇敬　徐志军　徐　洁　楼　鑫
王　威　胡　敦　李灿灿　金　超　张　辉
陈　震　傅　昕　颜韬韬　王　伟　杜　挺
陈　昶　叶卓隽　徐勇俊　高韩磊　李宇泽

前　言

近年来，国内城市化建设进程不断推进，居民生活水平不断提升，配网规模快速增长，社会对配网安全可靠供电的要求不断提高，为了加强专业技术培训，打造一支高素质的配网运维检修专业队伍，满足配网精益化运维检修的要求，我们编制了《配网专业实训技术丛书》，以期指导提升配网运维检修人员的理论知识水平和操作技能水平。

本丛书共有六个分册，分别是《配电线路运维与检修技术》《配电设备运行与检修技术》《柱上开关设备运维与检修技术》《配电线路工基本技能》《配网不停电作业技术》以及《低压配电设备运行与检修技术》。作为从事配电网运维检修工作的员工培训用书，本丛书将基本原理与现场操作相结合，将理论讲解与实际案例相结合，全面阐述了配网运行维护和检修相关技术要求，旨在帮助配网运维检修人员快速准确判断、查找、消除故障，提升配网运维检修人员分析、解决问题能力，规范现场作业标准，提升配网运维检修作业质量。

本丛书编写人员均为从事配网一线生产技术管理的专家，教材编写力求贴近现场工作实际，具有内容丰富、实用性和针对性强等特点，通过对本丛书的学习，读者可以快速掌握配电运行与检修技术，提高自己的业务水平和工作能力。

在本书编写过程中得到过许多领导和同事的支持和帮助，使内容有了较大改进，在此向他们表示衷心感谢。本书编写参阅了大量的参考文献，在此对其作者一并表示感谢。

由于编者水平有限，书中疏漏和不足之处在所难免，敬请广大读者批评指正。

编者

目　　录

第1章　10kV架空线路基本知识

1.1　10kV架空配电线路概述

架空线路主要指架设在地面上的线路，它用绝缘子将导线固定在直立于地面的杆塔上以传输电能。架空线路由杆塔、基础、拉线、导线、绝缘子、金具、横担、接地装置及附件等部件组成，如图1-1所示。10kV配电线路的架设及维护比较方便，成本较低，但容易受到气象和环境（如大风、雷击、污秽、冰雪等）的影响而引起故障。架空绝缘线路对导线进行了绝缘处理，对减少由导线与树枝、建筑物相碰而发生的故障十分有效，因此在配电网中得到广泛应用。

图1-1　架空线路

架空配电线路的挡距，一般情况下城镇为40～50m，郊区为50～100m。

架空线路的特点如下：

(1) 供电线路长，分布面积广。

(2) 发展速度快，用户对供电质量要求高。

(3) 对经济发展较好地区配电网设计标准较高，供电的可靠性要求较高。

(4) 农网负荷季节性强。

(5) 接线较复杂，必须保证调度上的灵活性、运行上的供电连续性和经济性。

1.2 杆 塔

杆塔的作用是支撑导线、金具、绝缘子和横担等，使导线对大地、树木、建筑物以及被跨越的电力线路、通信线路等保持足够的安全距离，并在各种气象条件下，保证配电线路能够安全可靠地运行。

杆塔按其在架空线路中的用途可分为直线杆、耐张杆、转角杆、终端杆、分支杆、跨越杆等。

1. 直线杆

直线杆常用在线路的直线段上，以支持导线、横担、绝缘子、金具等重量，能够承受水平风力荷载，但不能承受线路方向的导线张力。导线用绝缘子固定在横担上。

2. 耐张杆

耐张杆主要承受导线的水平张力，同时将线路分隔成若干耐张段，以便线路的施工和检修，并可在事故情况下限制倒杆断线的范围；导线用耐张线夹和耐张绝缘子串或用蝶式绝缘子固定在电杆上，电杆两边的导线用引线进行连接。

3. 转角杆

转角杆常用在线路方向需要改变的转角处，正常情况下除承受导线等垂直荷载和内角平分线方向的水平风力荷载外，还要承受内角平分线方向导线全部拉力的合力，在事故情况下还要能承受线路方向导线的重量，它分为直线型和耐张型两种型式，具体采用哪种型式可根据转角的大小及导线截面的大小来确定。

4. 终端杆

终端杆常用在线路的首末两终端处，终端杆是耐张杆的一种，正常情况下除承受导线的重量和水平风力荷载外，还要承受顺线路方向导线全部拉力的合力。

5. 分支杆

分支杆常用在分支线路与主配电线路的连接处，分支杆除承受直线杆塔所承受的载荷外，还要承受分支导线的垂直荷载、水平风力荷载和分支方向导线全部拉力。

6. 跨越杆

跨越杆常用在跨越公路、铁路、河流和其他电力线等大跨越的地方。为保证导线具有必要的悬挂高度，一般要加高电杆；为加强线路安全，保证足够的强度，还需加装拉线。

杆塔按制造材料主要分为钢筋混凝土杆、钢管杆和铁塔。

1. 钢筋混凝土杆

钢筋混凝土杆（图 1-2）按其制造工艺可分为普通型钢筋混凝土杆和预应力钢筋混凝土杆两种，按照杆的形状又可分为等径杆和锥形杆（又称拔梢杆）。等径杆的直径通常有300mm、400mm、500mm 等，杆段长度一般有 6m、9m 两种。锥形杆的拔梢度（斜度）均为 1∶75，梢径通常有 150mm、190mm、230mm 等，杆段长度一般有 12m、15m、18m 三种。电杆分段制造时，端头可采用法兰盘、钢板圈或其他接头形式。

2. 钢管杆

钢管杆（图 1-3）由于其具有杆形美观、承受的应力较大等优点，特别适架设于狭窄道路、城市景观道路和无法安装拉线的地方。架空配电线路使用的钢管杆有椭圆形、圆形、六边形或十二边形等多边形，多为锥形。通常情况下其斜率如下：直线杆一般为1∶75～1∶70，30°转角杆约为1∶65，60°转角杆约为1∶45，90°转角杆约为1∶35。钢管杆按基础形式可分为法兰式和管桩式两种。法兰式钢管杆长一般为11m和12.8m两种，11m钢管杆可与13m钢筋混凝土杆配合使用，12.8m钢管杆可与15m钢筋混凝土杆配合使用。钢管杆长一般为12m、13.8m、14.2m和15m等多种，可与12m或15m钢筋混凝土杆配合使用，前3个长度的钢管杆多用钢管桩基础，插埋深度为1～1.4m；15m钢管杆可用于混凝土基础。钢管杆的梢径一般为200～260mm，常用梢径为230mm。

3. 铁塔

铁塔（图1-4）主要适用的范围为城市绿化带及杆塔运输不便的山区、丘陵的地区。架空配电线路使用的铁塔按平腿设计，直线塔塔高为13m、15m和18m，耐张塔塔高为13m和15m。耐张塔按转角度数分为0°～30°转角塔、30°～60°转角塔、60°～90°转角塔，其中60°～90°转角塔兼做0°终端塔。

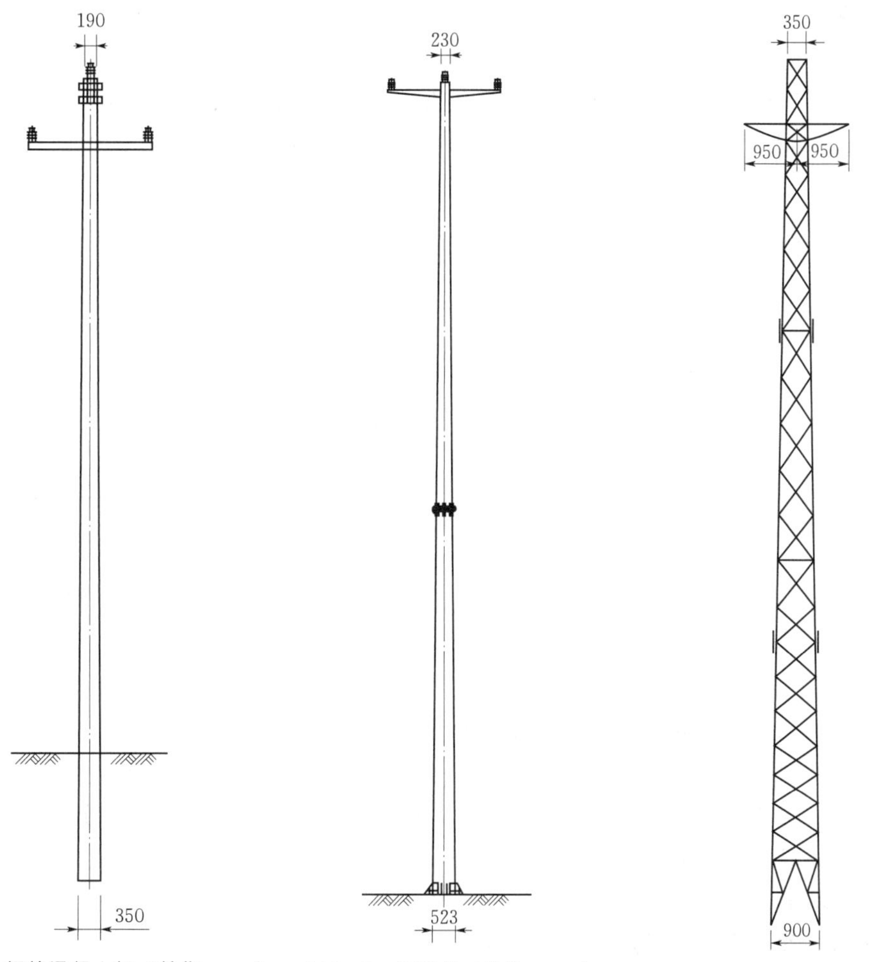

图1-2 钢筋混凝土杆（单位：mm）　图1-3 钢管杆（单位：mm）　图1-4 铁塔（单位：mm）

1.3 基　　础

将杆塔固定在地下部分的装置和杆塔自身埋入土壤中起固定作用的整体统称为杆塔的基础。杆塔的基础起着支撑杆塔全部荷载的作用，并保证杆塔在受外力作用时不发生倾倒或变形。

杆塔基础包括钢筋混凝土杆基础、铁塔基础、钢管杆基础。

1. 钢筋混凝土杆基础

钢筋混凝土杆基础，根据土质的不同，可直接采用一定深度的杆坑或在杆坑加装底盘、卡盘和拉线盘，统称“三盘”。

底盘的作用是承受混凝土电杆的垂直下压荷载以防止电杆下沉；卡盘的作用是当电杆所需承担的倾覆力较大时，增加抵抗电杆倾倒的力量；拉线盘的作用是依靠自身重量和填土方的总合力来承受拉线的上拔力，以保持杆塔的平衡。

三盘一般采用钢筋混凝土预制件或天然石材制造，预制件表面应平整不应有明显的缺陷，并能保证构件间、或构件与铁件、螺栓之间的连接安装。钢筋混凝土预制件放在地平面检查时，不应有纵向裂缝，横向裂缝不应超过 0.05mm。用现浇混凝土代替卡盘时，浇筑前应在杆身相应部位缠两层纸隔绝，以便拆装方便。钢筋混凝土杆基础型式如图 1－5 所示。

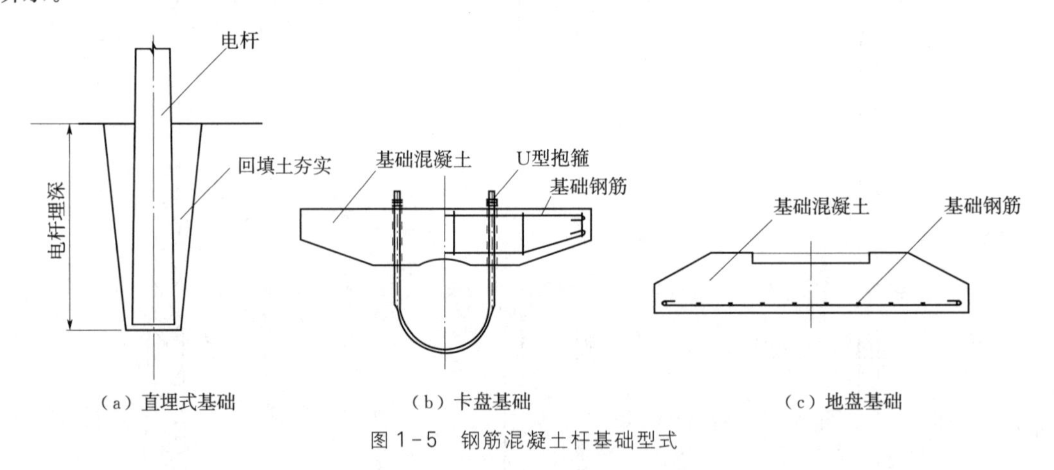

图 1－5　钢筋混凝土杆基础型式

2. 铁塔基础

铁塔基础在架空配电线路中一般使用台阶式和灌注桩两种。

台阶式基础（图 1－6）由主柱和多层台阶组成，基础主柱配置钢筋，台阶宽高比在满足刚性角要求的基础上，底板一般不配筋，必要时可采用基础垫层。基础施工时混凝土必须一次浇筑完成，回填土应分层夯实。

灌注桩基础是一种深基础型式，灌注桩多采用机械钻孔方式，利用钻机钻出桩孔，成孔后在孔内放置钢筋笼，固定好地脚螺栓后浇筑混凝土。

3. 钢管杆基础

钢管杆基础在架空配电线路中一般采用台阶式、灌注桩和钢管桩三种常用基础型式。

台阶式基础由主柱和多层台阶组成，基础主柱配置钢筋，台阶宽高比在满足刚性角要求的基础上，底板一般不配筋，必要时可采用基础垫层。基础施工时混凝土必须一次浇筑完成，回填土应分层夯实。

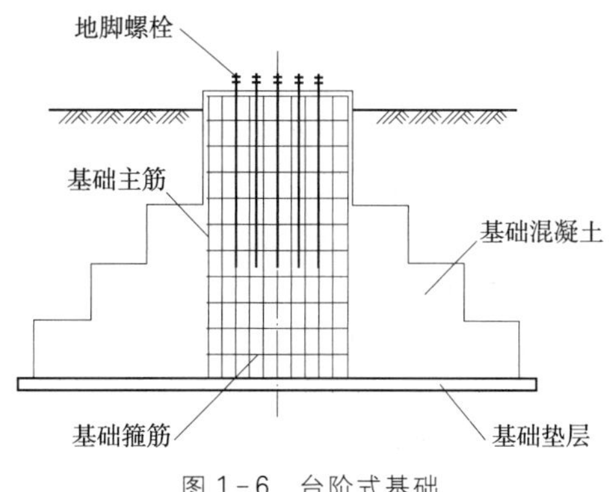

图 1-6　台阶式基础

灌注桩基础是一种深基础型式，主要依靠地脚螺栓与钢管杆进行连接，灌注桩多采用机械钻孔方式，利用钻机钻出桩孔，成孔后在孔内放置钢筋笼，固定好地脚螺栓后浇筑混凝土。灌注桩基础如图 1-7 所示。

钢管桩基础主要由顶部法兰盘和钢管桩组成，与钢管桩采用法兰方式连接。钢管桩由钢型材料制作而成的桩管，并经过防腐处理，采用机械将钢管桩夯入地层中，施工完成后即可直接立杆，无需养护。钢管桩基础如图 1-8 所示。

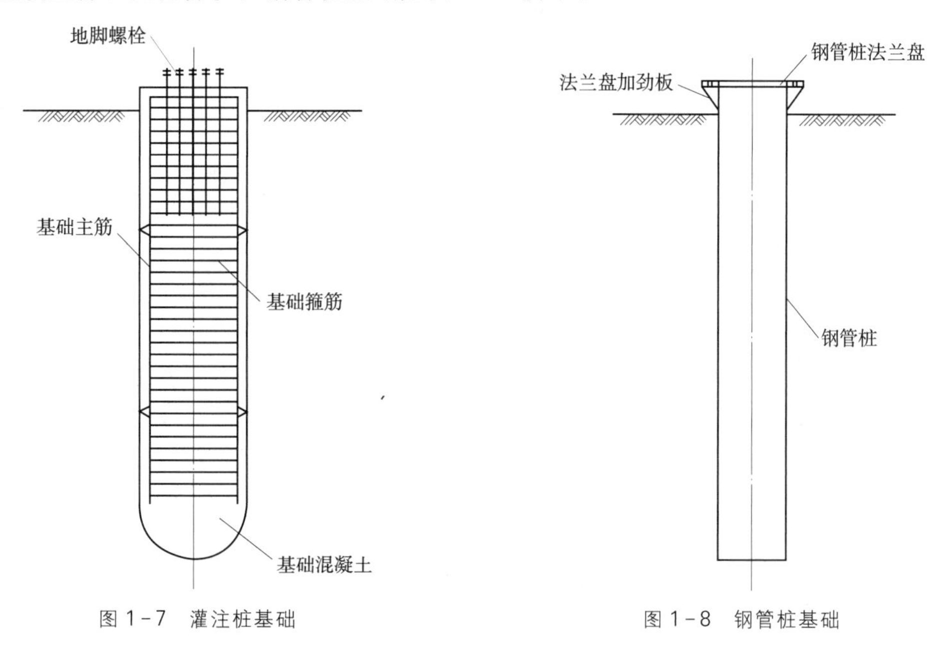

图 1-7　灌注桩基础

图 1-8　钢管桩基础

1.4 拉　线

拉线是用来平衡电杆可能的侧向拉力的；当个别电杆基础不好时，可用拉线来补强，以维持电杆的稳固性；当个别电杆负载过大时，用拉线减少电杆的受力程度。拉线一般用在耐张、转角、终端杆、跨越杆及分支等承力杆上。

1.5 导　　线

导线用以传导电流、输送电能，它通过绝缘子支撑、悬挂在杆塔上。架空线路的导线架设在野外，常年在露天情况下运行，不仅承受自身张力作用，还受各种气象条件的影响，有时还会受大气中各种化学气体和杂质的侵蚀。因此导线除了要求有良好的导电性能外，还要求有较高的机械强度。对导线的具体要求：一是电导率高；二是耐热性好；三是机械强度好；四是具有良好的耐振、耐磨、耐化学腐蚀性能；五是质量轻，价格低，性能稳定。

架空线路常用的导线有裸导线和绝缘导线。

按导线使用材料分为铜导线、铝导线、钢芯铝导线、铝合金导线和钢导线等。

导线型号中的拼音字母的含义：T—铜导线；J—绞线；L—铝导线；G—钢芯；Q—轻型；H—合金。

1. 裸导线

常用裸导线包括裸铝绞线（LJ）、裸铜绞线、钢芯铝绞线、镀锌钢绞线、铝合金绞线5种。

（1）裸铝绞线。铝的导电性仅次于银、铜，其机械强度比钢芯铝绞线低，且耐腐蚀能力较差，因此不宜被架设在化工区和沿海地区。常用裸铝绞线的主要技术参数见表1-1。

表1-1　常用裸铝绞线的主要技术参数

型号	导体结构（股数/直径）/mm	计算外径/mm	计算拉断力/N	计算面积/mm^2	计算重量/$(kg\cdot km^{-1})$	交货长度/m	20℃直流电阻/$(\Omega\cdot km^{-1})$	连续载流量/A
LJ-10	7/1.35	4.05	1950	10.02	27.1	4000	2.8633	70
LJ-16	7/1.70	5.10	4380	16	43.8	4000	1.802	111
LJ-25	7/2.15	6.45	4500	25.41	68.4	3000	1.127	147
LJ-35	7/2.50	7.50	6010	34.36	94.0	2000	0.8332	180
LJ-50	7/3.00	9.00	8410	49.48	135.3	1500	0.5786	227
LJ-70	7/3.60	10.80	11400	71.25	194.9	1250	0.4018	284
LJ-95	7/4.16	12.48	15220	95.14	260.2	1000	0.3009	338
LJ-120	19/2.85	14.25	20610	121.21	333.2	1500	0.2373	390
LJ-150	19/3.15	15.75	24430	148.07	407.0	1250	0.1943	454
LJ-185	19/3.50	17.50	30160	182.80	503.0	1000	0.1574	518
LJ-210	19/3.75	18.75	33580	209.85	576.8	1000	0.1371	575
LJ-240	19/4.00	20.00	38200	238.76	656.3	1000	0.1205	610

注　1. 本表摘自《圆线同心绞架空导线》(GB/T 1179—2008)；表中直流电阻值用四舍五入法。
2. 拉断力指绞线在拉力增加的情况下，首次出线任一单股断裂的拉力。

（2）裸铜绞线。铜绞线有很高的导电性能和足够的机械强度，但铜的资源少、价格贵。

(3) 钢芯铝绞线。钢芯铝绞线是充分利用钢绞线的机械强度高和铝的导电性能好的特点，将这两种金属导线结合而成。其结构是外部几层铝绞线包裹着内芯的1股、7股的钢丝或钢绞线，使得钢芯不受大气中有害气体的侵蚀。钢芯铝绞线由钢芯承担主要的机械应力，而由铝绞线承担输送电能的任务，而且因铝绞线分布在导线的外层，可减小交流电流产生的趋肤效应，提高铝绞线的利用率。钢芯铝绞线广泛应用在配电线路中。

(4) 镀锌钢绞线。镀锌钢绞线机械强度高，但导电及抗腐蚀性能差，不宜用作电力线路导线。目前，镀锌钢绞线用来作避雷线、拉线以及集束低压绝缘导线和架空电缆的承力索。

(5) 铝合金绞线。铝合金含有98%的铝和少量的镁、硅、铁、锌等元素，它的密度与铝基本相同，电导率与铝接近，机械强度比相同截面的铝绞线高，但铝合金线的耐振性能较差，不适宜用于大挡距的架空线路上。铝合金绞线有热处理铝镁硅合金线（LHAJ）和热处理铝镁硅稀土合金线（LHBJ）两种。

2. 绝缘导线

绝缘导线就是在导线外围均匀而密封地包裹一层不导电的材料，形成绝缘层，防止导电体与外界接触造成漏电、短路、触电等事故发生。

绝缘导线按绝缘保护层分为厚绝缘（3.4mm）和薄绝缘（2.5mm）两种。厚绝缘的绝缘导线运行时容许与树木频繁接触，薄绝缘的绝缘导线只容许与树木短时接触。

10kV架空配电线路绝缘导线的类型有中压分相式绝缘导线、中压集束型绝缘导线等。

(1) 中压分相式绝缘导线。架设方法与裸导线基本相同。其结构是在线芯上挤包一层半导体屏蔽层，在半导体屏蔽层外挤包一层绝缘层，生产工艺为半导体屏蔽层和绝缘层两层共挤，同时完成。

分相式绝缘导线的线芯一般采用经过紧压的圆形硬铜线（TY）、圆形硬铝线（LY8或LY9）或圆形铝合金线（LHA或LHB）。

10kV绝缘导线参数见表1-2。

表1-2　　10kV绝缘导线参数表

型号		JKLYJ-10/50	JKLYJ-10/70	JKLYJ-10/95	JKLYJ-10/120	JKLYJ-10/150	JKLYJ-10/185	JKLYJ-10/240
构造（根数×直径）/mm	铝	7×3.00	19×2.25	19×2.58	19×2.90	37×2.32	37×2.58	37×2.90
	绝缘厚度/mm	3.4	3.4	3.4	3.4	3.4	3.4	3.4
截面积/mm^2	铝	49.48	75.55	99.33	125.50	156.41	193.43	244.39
外径/mm		16.1	18.4	20	21.4	23	24.6	26.8
单位质量/(kg·km^{-1})		283	369	466	550	652	769	948
综合弹性系数/MPa		59000	56000	56000	56000	56000	56000	56000
线膨胀系数/℃$^{-1}$		0.0000233	0.000023	0.000023	0.000023	0.000023	0.000023	0.000023
计算拉断力/N		7011	10354	13727	17339	21033	26732	34679

注　10kV绝缘导线参数根据《额定电压10kV架空绝缘电缆》（GB/T 14049—2008）选取，标准中对绝缘导线的导体中最小单线根数、绝缘厚度、导线拉断力均有明确规定，此处绝缘层均采用普通绝缘厚度，为3.4mm。

（2）中压集束型绝缘导线。中压集束型绝缘导线可分为金属屏蔽绝缘导线和集束型半导体屏蔽绝缘导线。中压集束型金属屏蔽绝缘导线，一般带承力束，中压集束型半导体屏蔽绝缘导线分为承力束承载和自承载两种类型。

1.6 绝 缘 子

绝缘子用来支持和悬持导线，并使之与杆塔绝缘，因为绝缘子要承受电压和机械力的作用，还要受大气变化的影响。所以绝缘子不仅应满足绝缘强度和机械强度的要求，还需能承受温度的骤变及大气中化学杂质的侵蚀，有足够的抗御能力。

绝缘子的表面被做成伞裙状：一是增加绝缘子的爬电距离，同时波纹能起到阻断电弧的作用；二是从绝缘子上流下的雨和污水不会直接从绝缘子上部流到底部，避免污水柱造成短路事故，起到阻断水流的作用；三是当污秽物质落到绝缘子上时，因其凹凸不平的波纹特点，污秽物质将不能均匀地附在绝缘子上，在一定程度上提高了抗污能力。

绝缘子按照材质分类可分为瓷绝缘子、玻璃绝缘子和合成绝缘子三种；绝缘子按结构分类可分为柱式绝缘子、悬式（盘形、棒形）绝缘子和拉紧绝缘子等。

架空配电线路常用的绝缘子有针式瓷绝缘子、柱式瓷绝缘子、悬式绝缘子、拉线瓷绝缘子、瓷横担绝缘子等。

（1）针式瓷绝缘子。针式瓷绝缘子主要用于直线杆和角度较小的转角杆支持导线，其外形如图 1－9 所示。针式瓷绝缘子的支持钢脚用混凝土浇装在瓷件内，形成“瓷包铁”内浇装结构。

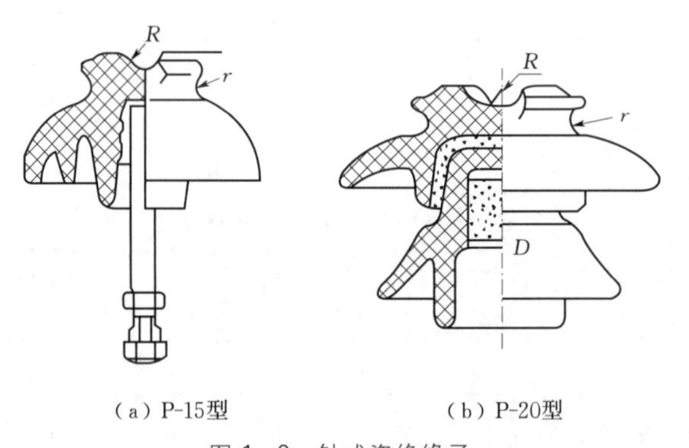

（a）P-15型　　（b）P-20型

图 1－9　针式瓷绝缘子

（2）柱式瓷绝缘子。用途与针式瓷绝缘子基本相同。柱式瓷绝缘子的绝缘瓷件浇装在底座铁靴内，形成“铁包瓷”外浇装结构，如图 1－10 所示。但采用柱式瓷绝缘子时，架设直线转角杆的角度不能过大，侧向力不能超过柱式瓷绝缘子容许抗弯强度。

（3）悬式绝缘子。它是一种由一个盘状的绝缘件，以及沿着绝缘子轴线布置的钢帽和钢脚所组成的绝缘子，钢帽浇装在绝缘件上，钢脚浇装在绝缘件孔内，因而悬式绝缘子具有较大的机械强度和良好的电气性能。通常的 10kV 架空配电线路，耐张杆塔一般采用 2 片悬式绝缘子组成的绝缘子串就能满足机械强度和绝缘强度。悬式绝缘子金属附件的连接方式分球窝型和槽型两种，如图 1－11 所示。

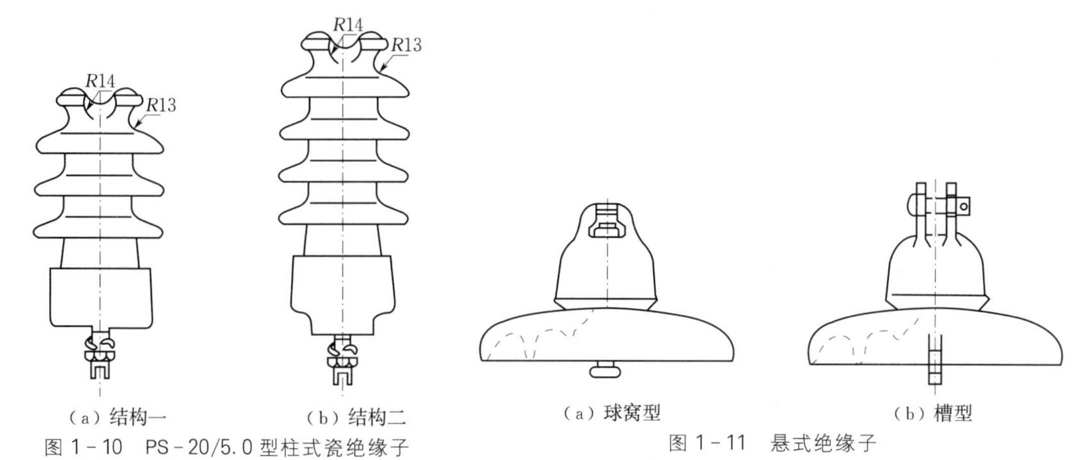

（a）结构一　（b）结构二

图 1-10　PS-20/5.0 型柱式瓷绝缘子

（a）球窝型　（b）槽型

图 1-11　悬式绝缘子

(4) 拉线瓷绝缘子。一般用于架空配电线路的终端、转角、耐张杆等穿越导线的拉线上，使下部拉线与上部拉线绝缘。部分拉线瓷绝缘子结构如图 1-12 所示。

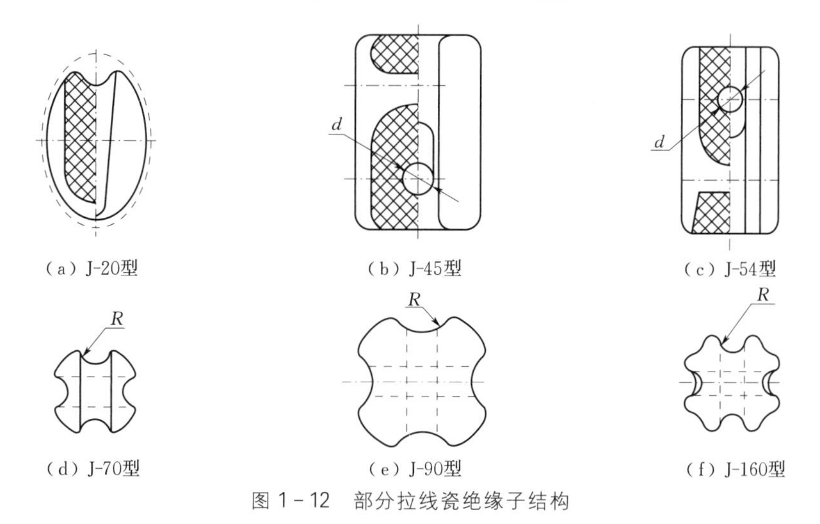

（a）J-20型　（b）J-45型　（c）J-54型

（d）J-70型　（e）J-90型　（f）J-160型

图 1-12　部分拉线瓷绝缘子结构

(5) 瓷横担绝缘子。瓷横担绝缘子是一种一端装有金属附件的实心瓷体组成的绝缘子，为外浇装结构，如图 1-13 所示。一般用于 10kV 线路直线杆。瓷横担绝缘子在结构上有其独特优点，泄漏距离大，自洁性能好，抗污闪能力强，它的实心结构使其不易击穿老化；但是瓷横担绝缘子机械强度较弱，存在一定的安全隐患，已被逐渐淘汰。

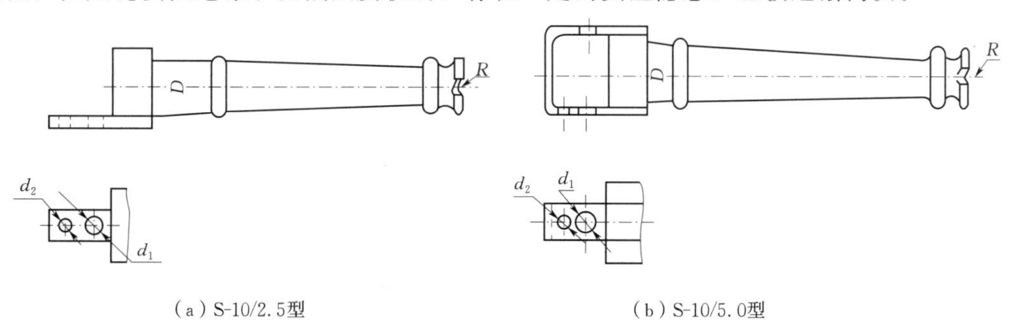

（a）S-10/2.5型　（b）S-10/5.0型

图 1-13　瓷横担绝缘子

绝缘子按材质可分为以下几种：

(1) 瓷绝缘子：具有良好的绝缘性能、适应气候的变化性能、耐热性和组装灵活等优点，被广泛用于各种电压等级的线路。瓷绝缘子是属于可击穿型的绝缘子。

(2) 玻璃绝缘子：用钢化玻璃制成，具有产品尺寸小、重量轻、机电强度高、电容大、热稳定性好、老化较慢、寿命长、"零值自破"、维护方便等特点。

(3) 合成绝缘子：又名复合绝缘子，它是由棒芯、伞盘及金属端头铁帽三个部分组成。①棒芯：一般由环氧玻璃纤维棒、玻璃钢棒制成，抗张强度很高，棒芯是合成绝缘子机械负荷的承载部件，同时又是内绝缘的主要部件；②伞盘：以高分子聚合物（如聚四氯乙烯、硅橡胶等）为基体，添加其他成分，经特殊工艺制成，伞盘表面为外绝缘，给绝缘子提供所需要的爬电距离；③金属端头：用于导线杆塔与合成绝缘子的连接，根据负荷载重量的大小采用可锻铸铁、球墨铸铁或钢等材料制造而成。为使棒芯与伞盘间结合紧密，在它们之间加一层黏结剂和橡胶护套。合成绝缘子具有抗污闪性强、强度大、质量轻、抗老化性好、体积小、质量轻等优点。但承受的径向（垂直于中心线）应力很小，因此，使用于耐张杆的绝缘子严禁踩踏和任何形式的径向荷重，否则将导致折断。运行数年后还会出现伞裙变硬、变脆的现象，也容易发生鼠等动物咬噬而导致损坏。

1.7 金　　具

在架空配电线路中，用于连接、紧固导线的金属器具，具备导电、承载、固定的金属构件，统称为金具。

金具按其性能和用途可分为线夹类金具、连接金具、接续金具和防护金具等。

1. 线夹类金具

线夹类金具主要有悬吊金具（悬垂线夹）、耐张金具（耐张线夹）、接触金具（设备线夹）等。悬垂线夹是把导线悬挂、固定在杆塔绝缘子串上；耐张线夹是把导线固定在耐张、转角、终端杆等悬式绝缘子串上；设备线夹用于导线与导线、导线与设备等的连接。线夹类金具如图 1-14 所示。

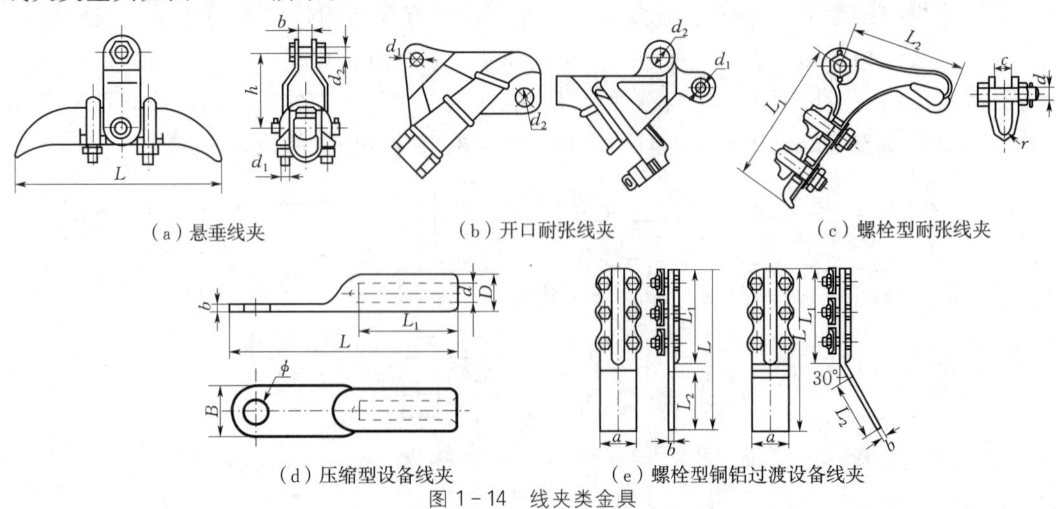

图 1-14　线夹类金具

2. 连接金具

连接金具主要用于耐张线夹、悬式绝缘子（槽型和球窝型）、横担等之间的连接。与槽型悬式绝缘子配套的连接金具可由 U 型挂环、平行挂板等组合；与球窝型悬式绝缘子配套的连接金具可由球头挂环、碗头挂板、直角挂板等组合。连接金具如图 1－15 所示。

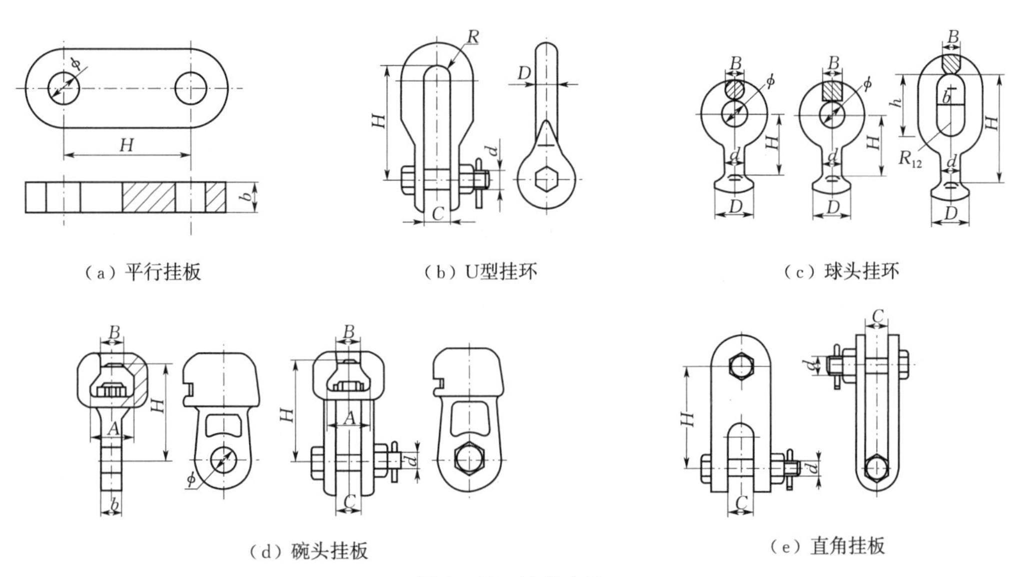

（a）平行挂板　（b）U型挂环　（c）球头挂环

（d）碗头挂板　（e）直角挂板

图 1－15　连接金具

3. 接续金具

导线接续金具按承力可分为非承力接续金具和承力接续金具两类。按施工方法又可分为液压、钳压、螺栓接续及预绞式螺旋接续金具等。按接续方法还可分为对接、搭接、铰接、插接、螺接等。接续金具如图 1－16 所示。

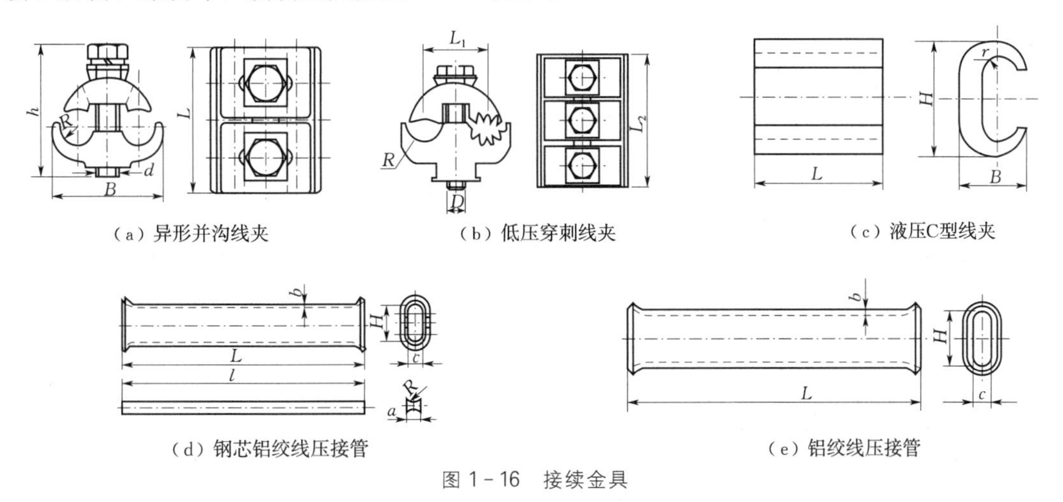

（a）异形并沟线夹　（b）低压穿刺线夹　（c）液压C型线夹

（d）钢芯铝绞线压接管　（e）铝绞线压接管

图 1－16　接续金具

4. 防护金具

防护金具主要是减少线路在大挡距情况下的导线抗震及导线有轻微损伤情况时的补强。防护金具主要有护线条和防震锤等。防护金具如图 1－17 所示。

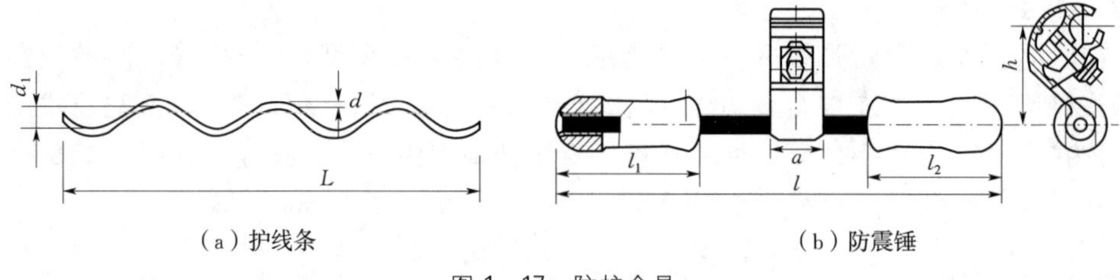

（a）护线条　　（b）防震锤

图 1－17　防护金具

1.8 横　　担

横担用于支持绝缘子、导线及柱上配电设备，保护导线间有足够的安全距离。因此，横担要有一定的强度和长度。

横担按材质的不同可分为铁横担和绝缘横担。

1. 铁横担

铁横担一般采用角钢制成，因其为型钢，造价较低，便于加工，所以使用最为广泛。

（1）常用铁横担型式。水泥单杆的横担一般采用 Q235 钢、L 型角钢组合结构；钢管杆的横担分为固定横担和活动横担两种，固定横担采用 Q345 钢、箱型结构，活动横担采用 Q235 钢、L 型角钢组合结构。

（2）横担组合。根据受力情况横担可分为直线型、耐张型和终端型等。直线型横担只承受导线的垂直荷载；耐张型横担除了需承受导线的垂直荷载外，还要承受两侧导线的拉力差；终端型横担除了需承受导线的垂直荷载外，还要承受导线的拉力。耐张型横担、终端型横担根据导线的截面，一般应为双横担，当架设大截面导线或大跨越挡距时，双担面间应加斜撑板。

（3）横担的组装孔位主要由导线的排列、线间距离及安装在电杆上的位置等因素来决定。

（4）铁横担材料的要求具体如下：

1）用于制造横担的原材料，应具有出厂合格证书。

2）生产厂应提供同一类型横担符合有关规定的受力检验报告。

3）尺寸检验：长度误差小于 5mm，安装孔距误差小于 2mm。

4）热镀锌检验：锌层厚度符合要求，锌层应均匀，不得有漏镀、黄点、锌刺、锌渣。

2. 绝缘横担

绝缘横担是利用玻璃纤维和环氧树脂（玻璃钢）材料制作的横担，代替传统的铁横担，安装在中压配电线路上的一种新型横担，具有以下优越性：

（1）质量轻、强度高。玻璃钢有很高的机械强度，而密度约为钢的 1/4。

（2）电气性能好。玻璃钢有很高的电气强度，特别适用于中性点不接地系统。

（3）抗疲劳性好。玻璃钢中的玻璃纤维与环氧树脂有阻止裂纹扩展的作用，故比铁横担抗疲劳性能好。

1.9 接 地 装 置

接地装置含接地体和接地引线，架空配电线路人工接地体可采用垂直埋入的圆钢、钢管或角铁，垂直接地体一般采用开挖一定深度后，再行打入土中。根据土壤电阻率或设备工作接地及保护接地共用等可增加垂直接地体数量，用扁钢、圆钢水平进行连接。

接地装置的种类及其作用如下：

(1) 工作接地：为了保证设备正常且可靠地运行，将供电系统中的某点与地做可靠金属连接。例如变压器的中性点与接地装置的可靠金属连接，作用是降低人体的接触电压，当发生单相接地短路时，能使保护装置迅速动作切断故障。

(2) 保护接地：将电力设备的金属外壳与接地装置连接。作用是防止设备绝缘损坏而使外壳带电，危及人身安全和设备安全。

(3) 防雷接地：针对防雷保护的需要而设置的接地。例如避雷器的接地，目的是使雷电流顺利导入大地，以利于降低雷过电压。

1.10 附 件

1.10.1 配电线路故障指示器

配电线路故障指示器是指示线路故障电流通路的装置，其可迅速指明故障线路和故障点，减轻了巡线人员的劳动强度，缩短了故障排除时间，减少了停电时间，提高了供电质量，以此避免了传统多次拉路合闸巡线给电力设备带来的影响。且线路故障指示器直接在线检测信号，不影响电网的正常运行，动作灵敏准确，抗干扰能力强。配电线路故障指示器套件如图 1－18 所示。配电线路故障指示器原理图如图 1－19 所示。

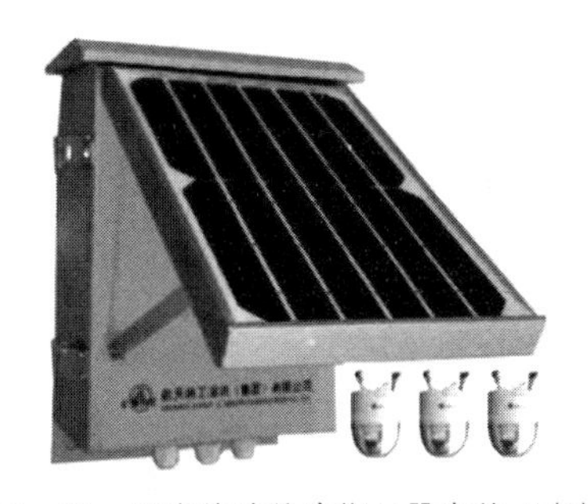

图 1－18 配电线路故障指示器套件（电杆）

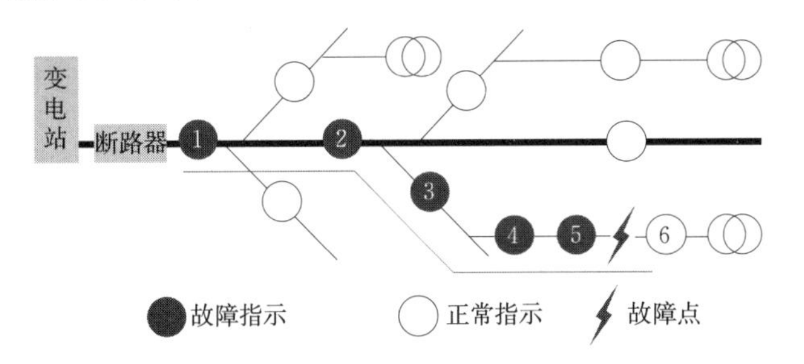

图 1－19 配电线路故障指示器原理图

1.10.2 验电接地环

在目前城市配网的配电线路中一般都采用架空绝缘线敷设。而在检修线路或设备时，为了保证检修人员的安全需要验明线路无电后挂设接地线，通过接地环裸露部分，检修人员可以安全、方便的对线路进行停电、验电、挂设接地线操作。验电接地环主要有接地线夹和变压器穿刺线夹两种，如图 1－20 所示。

（a）BYD验电接地环夹

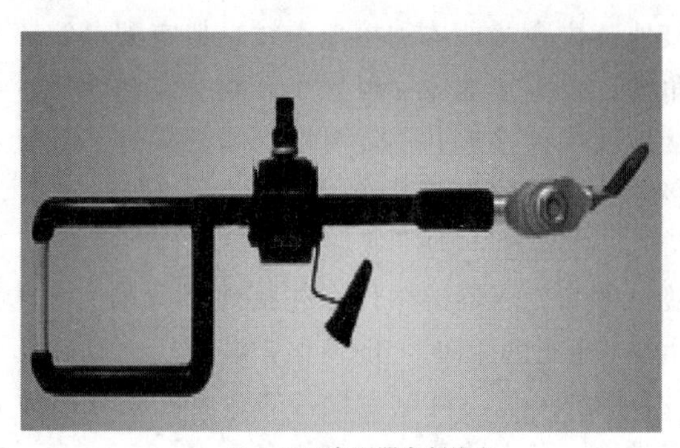

（b）JJCB变压器穿刺线夹

图 1－20 验电接地环

第2章　架空线路安装、工艺标准及验收

2.1　安　　装

2.1.1　杆塔组立及拉线安装

1. 杆塔组立

(1) 混凝土电杆及预制构件在装卸运输中严禁互相碰撞、急剧坠落和不正确的支吊，以防止产生裂缝或使原有裂缝扩大。

(2) 运至桩位的杆段及预制构件，放置于地平面检查，当端头的混凝土局部碰损时应进行修补。

(3) 电杆起立前顶端应封堵良好。设计无要求时，下端可不封堵。

(4) 钢圈连接的钢筋混凝土电杆，焊接时应规定。

(5) 电杆的钢圈焊接头应按设计要求进行防腐处理。设计无规定时，可将钢圈表面铁锈和焊缝的焊渣与氧化层除净，先涂刷一层红樟丹，干燥后再涂刷一层防锈漆处理。

(6) 杆塔基础符合下列规定时方可组立：①经中间检查验收合格；②混凝土的强度符合规定。

(7) 自立式转角塔、终端塔应组立在倾斜平面的基础上，向受力反方向产生预倾斜，倾斜值应视塔的刚度及受力大小来决定。架线挠曲后，塔顶端仍不应超过铅垂线而偏向受力侧。当架线后塔的挠曲超过设计规定时，应会同设计单位处理。

(8) 塔材的弯曲度应符合相关标准的规定。对运至桩位的个别角钢当弯曲度超过长度的2%时，可采用冷矫正，但不得出现裂纹。

(9) 电杆立正以后，要立即回填土，回填土要分层夯实。

2. 拉线安装

(1) 裁线。由于镀锌钢绞线的钢性较大，为避免散股，在制作拉线下料前应用细扎丝在拉线计算长度处进行绑扎。

(2) 穿线。取出楔型线夹的舌板，将钢绞线穿入楔型线夹，并根据舌板的大小在距离钢绞线端头300mm+舌板长度处做弯线记号。

(3) 弯拉线环。用双手将钢绞线在记号处弯一小环。用脚踩住主线，一手拉住线头，另一手握住并控制弯曲部位，协调用力将钢绞线弯曲成环。为保证拉线环的平整，应将端线换边弯曲。

(4) 整形。为防止钢绞线出现急弯，分别用膝盖抵住钢绞线主线、尾线进行整形，以保证钢绞线与舌板间结合紧密。

（5）装配。拉线环制作完成后，将拉线的回头尾线端从楔型线夹凸肚侧穿出，放入舌板并适度地用木槌敲击，使其与拉线与线夹间的配合紧密。

（6）绑扎。在尾线回头端距端头 30～50mm 的地方，用 12 号或 10 号镀锌铁丝缠绕 100mm 对拉线进行绑扎，使拉线的回头尾线与主线间的连接牢固，也可以使用 U 型夹头来固定尾线。

（7）防腐处理。按拉线安装施工的规定要求，完成制作后应在扎线及钢绞线的端头涂上红漆，以提高拉线的防腐能力。

拉线安装如图 2-1 所示。

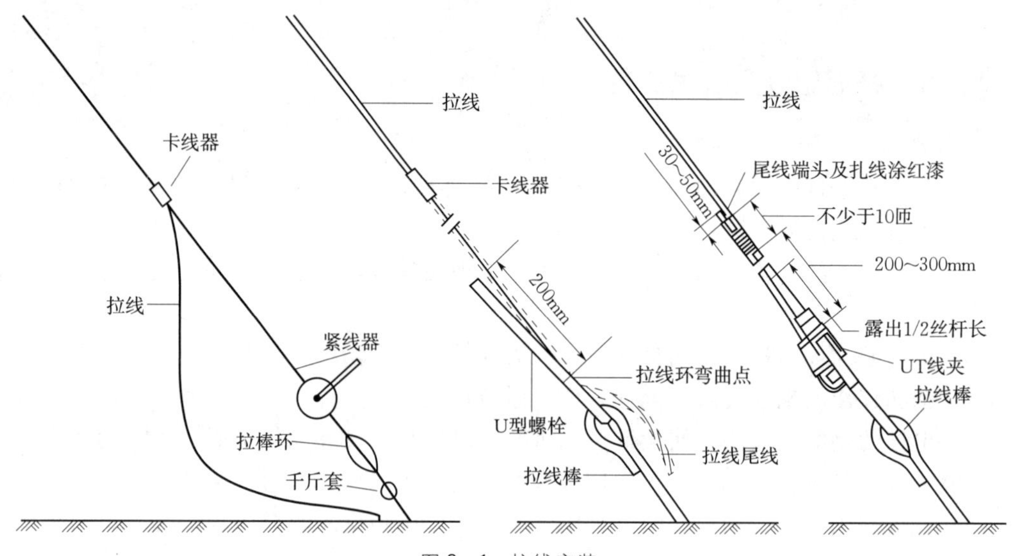

图 2-1 拉线安装

2.1.2 横担、绝缘子及金具安装

根据装置图要求进行配置横担、绝缘子及金具配置。目前主要使用是拔梢型电杆，即不同部位的电杆直径是不同的，所以需要在电杆上不同位置配置相应的螺栓和抱箍，有些横担有腰型长孔，一般使用 M16 螺栓与横担连接并固定，在此孔安装螺栓时应该放上一片 ϕ18mm 的垫圈。根据直线绝缘子、耐张绝缘子及金具的组装要求准备相应材料，并考虑直线绝缘子、耐张绝缘子与导线的最大使用张力、导线直径之间的相互匹配性，检查所有材料应符合质量要求、数量要求。

配置的横担、直线绝缘子及金具通过螺栓、垫圈、抱箍与横担连接并固定于电杆上。绝缘子安装与横档连接挂环，再安装球头链板，将悬式瓷质绝缘子和球头链板连接起来，用 W 型销子固定，将悬垂线夹和悬式瓷质绝缘子用碗头挂板连接起来，分别用销钉和 W 型销子固定；在安装 W 型销子时，应由内向外推入绝缘子铁件的碗口。

2.1.3 导线架设

1. 导线放线

（1）张力放线。张力放线施工方法是保证在放线过程中导线不落地，在展放中始终保持一个较低的张力，使导线腾空地面，在空中牵引，可以避免损伤农作物，减少劳动用工量，降低成本，提高工效。该方法施工工艺较复杂，在配电线路施工中几乎不用。

(2) 地面放线。

1) 地面放线一般都采用人力而不用施工机械设备。就是从放线架上线轴上方将线头牵出，与一根引绳（龙龙绳、白棕绳）连接，缠绕好包布，然后顺线路方向在地面上拖着展放，比较简单可行。采用这种方法必须要有很好的纪律秩序和组织分工。

2) 放线时，线盘的放置应在线路一端场地环境较宽阔、不影响行人、车辆较少的地方，支好简易三角放线架，用回转操作手柄可使螺旋升降杆上升，将线盘支起并调节平衡。当无支架时，可在地面挖一深坑，将线盘放于坑内，用一根钢管穿越线盘轴心在坑口两侧固定调平。然后将线头从线盘上面引出，对准前方拖线方向展放。

3) 放线应设专人指挥，统一信号，展放前明确分工，检查线盘放置是否牢固，线轴是否平衡稳定，有专人看护；导线经过的沿线障碍物是否清除或采取措施，在岩石等坚硬地面处，应铺垫稻草、高粱秸，以免展放时导线擦伤或钩住。

4) 放线时，拉线人员依次有序地排列在一根引绳旁施力拉向前方。滑轮槽直径应与导线截面相配合，滑轮转动灵活，导线穿过滑轮后应将活门关好锁牢。施放铜绞线应用铁滑轮，施放铝线和钢芯铝线应用铝滑轮。

5) 放线过程中应设专人护线，防止发生磨伤、断股、劲钩情况。如发现上述情况应立即发出信号停止牵引，同时做好记号，缠绕黑包布以便放好线后处理。导线在展放中防止行人横跨导线行走。如果导线被物体挂住或卡住，排除人员一定要站在被挂、卡导线角度的外侧，防止脱挂、卡时伤人。

6) 放线完后应及时适度收紧，不能影响行人、铁路、公路交通。

(3) 线引线放线。线引线方式一般有两种：一种是预放牵引线，另一种利用原线调放新线，这一方法类似张力放线。在配电线路大修调新线时应用广泛，这就减少了交叉跨越和交通、行人繁忙地段施工中的麻烦，有利于放线工作的安全。

2. 导线连接

略。

3. 导线紧线

(1) 单线法。所谓单线法即是一线一紧法，这种方法的优点是所需设备少，所需的牵引力小，要求紧线人数不多，施工时不致发生混乱，比较容易施工，其缺点是施工的进度慢，紧线时间长。

(2) 双线法。双线法是同时紧两根架空导线。采用双线法紧线时，两边相导线同时收紧后再紧中相，待三相全部紧起后再逐相调节。

(3) 三线法。三线法是一次同时紧三根导线，利用三线法紧线的示意如图 2-2 所示。不管是双线法还是三线法，尽管其紧线的速度快，但其准备工作繁多，效果并不十分理想，所以使用并不广泛。

4. 导线固定

对架空配电线路的导线进行固定，耐张段中间的导线一般绑扎固定在针式绝缘子上，两端固定在耐张线夹上或绑扎在蝶式绝缘子上。在针式及蝶式绝缘子上的固定普遍采用绑

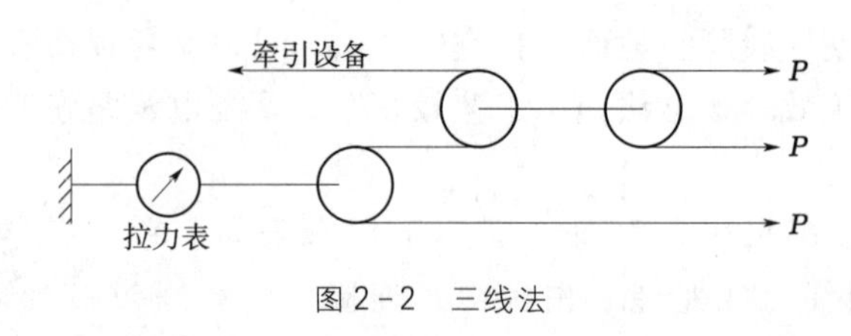

图 2-2　三线法

线缠绕法。绑线材料与导线材料相同，但铝镁合金导线应使用铝绑线。铝绑线的直径应为2.6～3mm。铝导线在绑扎之前，将导线与绝缘子接触的地方缠绕宽10mm、厚1mm的铝包带，其缠裹长度要超出绑扎长度的20～30mm。常用的绑扎方式有单十字绑扎法和双十字绑扎法。

2.2 工 艺 标 准

2.2.1 杆塔工艺标准

（1）双杆立好后应正直，位置偏差不应超过规定数值：①双杆中心与中心桩之间的横向位移为50mm；②迈步为30mm；③两杆高低差为20mm；④根开为±30mm。

（2）杆塔部件组装有困难时应查明原因，严禁强行组装。个别螺孔需扩孔时，应采用冷扩，扩孔部分不应超过3mm。

（3）杆塔组立，各相邻节点间主材弯曲不得超过1/7300。

（4）杆塔组立后，塔脚板应与基础面接触良好，有空隙时应垫铁片，并应灌筑水泥砂浆。直线型塔经检查合格后可随即浇筑保护帽。耐张型塔应在架线后浇筑保护帽。保护帽的混凝土应与塔脚板上部铁板接合严密，且不得有裂缝。

（5）直线杆的横向位移不应大于50mm；电杆的倾斜不应使杆梢的位移大于杆梢直径的1/2。

（6）杆身不得有纵向裂纹，横向裂纹宽度不超过0.1mm，长度不超过周长的1/3，且1m内横向裂纹不得超过3处。

2.2.2 拉线工艺标准

（1）安装前丝扣上应涂润滑剂。

（2）上、下楔型线夹及UT型线夹的凸肚和尾线方向应一致，同一组拉线使用双线夹并采用连板时，其尾线的方向应统一。

（3）UT型线夹或花篮螺栓的螺杆应露扣，并应有不小于1/2螺杆丝扣长度可供调紧，调整后，UT型线夹的双螺母应并紧，花篮螺栓应封固。

（4）拉线弯曲部分不应明显松脱，拉线断头处与拉线应有可靠固定。拉线处露出的尾线长度不宜超过0.4m。

（5）同一组拉线使用双线夹时，其尾线的方向应统一。

（6）埋设拉线盘的拉线坑应有滑坡（马道），回填土应有防沉土台，拉线棒与拉线盘的连接应使用双螺母。

（7）当拉线位于交通要道或人易接触的地方时，必须加装警示套管保护。套管上端垂直距地面不应小于1.8m，并应涂有明显红、白相间油漆的标志。

（8）水平拉线的拉桩杆的埋设深度不应小于杆长的1/6，拉线穿过公路时，拉线距路面中心的垂直距离不应小于6m，且对路面的最小距离不应小于4.5m。拉桩坠线与拉桩杆夹角不应小于30°，拉桩杆应向张力反方向倾斜10°～20°，坠线上端距杆顶应为250mm；水平拉线对通车路面边缘的垂直距离不应小于5m。

（9）拉桩杆的安装应符合设计要求：①采用坠线的，不应小于杆长的1/6；②无坠线的，应按其受力情况确定，且不应小于1.5m；③拉桩杆应向受力反方向倾斜10°～20°；④拉桩坠线与拉桩杆夹角不应小于30°；⑤拉桩坠线上端固定点的位置距拉桩杆顶应为0.25m。

2.2.3 横担、绝缘子及金具工艺标准

（1）横担安装应平整，安装偏差不应超过规定数值：①横担端部上、下歪斜为20mm；②横担端部左、右扭斜为20mm；③双杆上安装的横担与电杆连接处的高差不应大于连接距离的5/1000；④横担左、右扭斜不应大于横担总长度的1/100。

（2）横担组装有困难时应查明原因，严禁强行组装。

（3）导线为水平排列时，上层横担距杆顶距离不宜小于200mm。

（4）线路横担的安装：直线杆单横担应装于受电侧；90°转角杆及终端杆当采用单横担时，应装于拉线侧。

（5）绝缘子安装时要小心轻放，绳结应打在端部铁件上，提升时不得将绝缘子撞击电杆和横担等其他部位。严禁导线、金属物品等在绝缘子上摩擦滑行，严禁在绝缘子上爬行脚踩。

（6）绝缘子颈部槽口与导线方向平行，与横担连接的螺栓应有防松垫圈，使用瓷横担式绝缘子时还应安装剪切销子。

（7）绝缘子必须符合组装要求，绝缘子无受损、无裂纹、卡阻现象，螺栓、销钉穿入方向正确，开口销在正常位子，钢件无裂纹，防腐层良好，胶装部分无松动现象，当绝缘子有正反朝向时其绝缘子的盆径口应对准导线方向。

（8）金具连接应规范、牢固、可靠。

（9）紧固金具、支持金具应考虑此金具与导线的合理匹配。

（10）紧固金具、支持金具是螺栓型金具用于固定导线时，铝线的外层应包两层铝包带并用螺栓和垫块来固定导线。

（11）连接金具中的压接管在做清除氧化层工作方面与接续金具对导线的处理方法类同，但还要用压接钳对不同类型的导线按不同要求进行压接，压接后应进行检查是否符合工艺要求。

（12）使用接续金具搭接引线时，此时应根据导线截面、材料质量等选择相应型号的金具，并满足规定数量的要求。要在导线上涂上电力脂（导电膏），用钢丝刷做清除氧化层工作并用干净布擦去污垢，再重复一次做清除氧化层工作（此时不用再擦），当接续金

具是用螺栓固定时，用扳手即可安装，但当接续金具是用楔块固定导线时，需用专用工具来完成。

(13) 金具上所使用的闭口销的直径必须与孔径配合，且弹力适度；与电杆、导线金属连接处，不应有卡压现象；绝缘子裙边与带电部位的间隙不应小于 50mm。

2.2.4 导线工艺标准

(1) 放紧线过程中，应将绝缘线放在塑料滑轮或套有橡胶护套的铝滑轮内。绝缘线不得在地面、杆塔、横担、瓷瓶或其他物体上拖拉，以防损伤导线。

(2) 剥离绝缘层、半导体层应使用专用切削工具，不得损伤导线，切口处绝缘层与线心宜有 45°倒角，绝缘线连接后必须进行绝缘处理。

(3) 绝缘线的全部端头、接头都要进行绝缘护封，不得有导线、接头裸露，防止进水。

(4) 绝缘线接头必须进行屏蔽处理。

(5) 紧线时，应使用网套或面接触的卡线器，并在绝缘线上缠绕塑料或橡皮包带，防止卡伤绝缘层。绝缘线不宜过牵引。

(6) 绝缘线紧好后，同挡内各相导线的弛度应力求一致，施工误差不超过±50mm；绝缘线紧好后，线上不应有任何杂物。

(7) 针式或棒式绝缘子的绑扎，直线杆采用顶槽绑扎法；直线角度杆采用边槽绑扎法，绑扎在线路外角侧的边槽上。蝶式绝缘子采用边槽绑扎法。使用直径不小于 2.5mm 的单股塑料铜线绑扎。

(8) 绝缘线与绝缘子接触部分应用绝缘自粘带缠绕，缠绕长度应超出绑扎部位或与绝缘子接触部位两侧各 30mm。

(9) 有绝缘衬垫的绝缘线夹，没有绝缘衬垫的耐张线夹内的绝缘线宜剥去绝缘层，其长度和线夹等长，误差不大于 5mm。将裸露的铝线芯缠绕铝包带，耐张线夹和悬式绝缘子的球头应安装专用绝缘护罩罩好。

(10) 裸导线进行固定，耐张段中间的导线一般绑扎固定在针式绝缘子上，两端固定在耐张线夹上或绑扎在蝶式绝缘子上。

(11) 裸导线绑线材料与导线材料相同，但铝镁合金导线应使用铝绑线。铝绑线的直径应在 2.6～3mm 范围内。铝导线在绑扎之前，将导线与绝缘子接触的地方缠绕宽 10mm、厚 1mm 的铝包带，其缠裹长度要超出绑扎长度的 20～30mm。

(12) 不同金属、不同规格、不同绞向的绝缘线，无承力线的集束线严禁在挡内做承力连接；在一个挡距内，分相架设的绝缘线每根只允许有一个承力接头，接头距导线固定点的距离不应小于 0.5m。

(13) 导线紧好后，弧垂的误差不应超过设计弧垂的±5%。同挡内各相导线弧垂宜一致，水平排列的导线弧垂相差不应大于 50mm。

(14) 绝缘线路每相过引线、引下线与邻相的过引线、引下线及低压绝缘线之间的净空距离不应小于 200mm；绝缘线与拉线、电杆或构架间的净空距离不应小于 200mm。

(15) 裸导线每相引流线、引下线与邻相的引流线、引下线或导线之间，安装后的净空距离不应小于300mm。

(16) 裸导线与拉线、电杆或构架之间安装后的净空距离，10kV的情况下，不应小于200mm。

(17) 裸导线与建筑物的垂直距离，在最大计算弛度情况下，不应小于3m。在最大风偏情况下，线路边线与建筑物之间的水平距离不应小于1.5m。

(18) 裸导线在绝缘子或线夹上固定应缠绕铝包带，缠绕长度应超出接触部分30mm。铝包带的缠绕方向应与外层线股的绞制方向一致。

2.3 验　　收

2.3.1 杆塔组立验收

(1) 转角杆应向外角预偏，紧线后不应向内角倾斜，向外角的倾斜不应使杆梢位移大于杆梢直径。

(2) 终端杆应向拉线侧预偏，紧线后不应向拉线反方向倾斜，拉线侧倾斜不应使杆梢位移大于杆梢直径。

(3) 直线杆组立后，杆塔应垂直于地面，并与相邻杆塔在一条直线上。

(4) 电杆埋深符合要求。

(5) 电杆组合的各项误差应符合规定。

2.3.2 拉线验收

(1) 拉线与电杆的夹角不宜小于45°，当受地形限制时，不应小于30°。

(2) 线夹舌板与拉线接触应紧密，受力后无滑动现象，线夹凸肚应在尾线侧，安装时不应损伤线股。

(3) 终端杆的拉线及耐张杆承力拉线应与线路方向对正，分角拉线应与线路分角线方向对正，防风拉线应与线路方向垂直。

(4) 当一基电杆上装设多条拉线时，拉线不应有过松、过紧、受力不均匀等现象。

2.3.3 横担、绝缘子及金具验收

(1) 横担螺栓应从送电侧穿入受电侧方向。

(2) 螺杆应与构件面垂直，螺头平面与构件间不应有间隙。

(3) 螺栓紧好后，螺杆丝扣露出的长度，单螺母不应少于两个螺距；双螺母可与螺母相平。

(4) 当必须加垫圈时，每端垫圈不应超过2个。

(5) 螺栓穿入方向立体结构：水平方面由内向外、垂直方向由下向上；螺栓穿入方向平面结构：顺线路方向，双面构件由内向外，单面构件由送电侧穿入或按统一方向；横线路方向，两侧由内向外，中间由左向右（面向受电侧）或按统一方向；垂直方向，由下向上。

(6) 绝缘子必须有出厂验收合格证，产品应有合格的包装和标志。合成绝缘子的运输和搬运必须要在包装完好的条件下进行，搬运时要小心轻放。

(7) 绝缘子已经过耐压试验合格。

(8) 安装牢固，连接可靠。

(9) 绝缘子安装应防止积水。

(10) 绝缘子的闭口销或开口销不应有折断、裂纹等现象，当采用口销时应对称开口，开口角度应为30°～60°，严禁用线材或其他材料代替闭口销、开口销。

(11) 耐张串上的弹簧销子、螺栓及穿钉应由上往下穿；悬垂串上的弹簧销子、螺栓及穿钉应向受电侧穿入两边线应由内向外，中线应由左向右穿入。

(12) 承受全张力的线夹的握力应不小于导线计算拉断力的65%。

(13) 承受电气负荷的金具，接触两端之间的电阻不应大于等长导线电阻值的1.1倍；接触处的温升，不应大于导线的温升；其载流量应不小于导线的载流量。

(14) 连接金具的螺栓最小直径不小于12mm，线夹本体强度应不小于导线计算拉断力的1.2倍。

(15) 绝缘导线所采用的绝缘罩、绝缘粘胶带等材料，应具有耐气候、耐日光老化的性能。

(16) 以螺栓紧固的各种线夹，其螺栓的长度除确保紧固所需长度以外，应有一定余度，以便在不分离部件的条件下即可安装。

(17) 线夹、压板、线槽和喇叭口不应有毛刺、锌刺等，各种线夹或接续管的导线出口，应有一定圆角或喇叭口。

(18) 金具表面应无气孔、渣眼、砂眼、裂纹等缺陷，耐张线夹、接续线夹的引流板表面应光洁、平整，无凹坑缺陷，接触面应紧密。

(19) 金具表面的镀锌层不得剥落、漏镀和锈蚀，以保证金具的使用寿命。

(20) 金具的焊缝应牢固无裂纹、气孔、夹渣，咬边深度不应大于1mm，以保证金具的机械强度；铜铝过渡焊接处在弯曲180°时，焊缝不应断裂。

(21) 各活动部位应灵活，无卡阻现象，螺栓、螺母、垫圈齐全，配合紧密适当。

(22) 作为导电体的金具，应在电气接触表面上涂以电力脂，需用塑料袋密封包装。

(23) 电力金具应有清晰的永久性标志，含型号、厂标及适用导线截面或导线外径等。预绞丝等无法压印标志的金具可用塑料标签胶纸标贴。

2.3.4 导线架设验收

(1) 绝缘线不允许缠绕连接，应采用专用的线夹或接续连接。

(2) 绝缘导线直线杆采用针式绝缘子或棒式绝缘子，耐张杆采用两片悬式绝缘子和耐张线夹或一片悬式绝缘子和一个蝶式绝缘子。

(3) 已架设导线进行外观检查，不应发生磨伤、断股、扭曲、金钩、断头等现象。

(4) 导线的固定应规范、牢固、可靠。

(5) 线路的引流线（跨接线或弓子线）之间、引流线与主干线之间的连接应接触紧密、均匀、无硬弯，引流线应呈均匀弧度。

(6) 杆塔应设有标志。

(7) 导线绑扎主要方式有单十字和双十字绑扎法。

(8) 当不同截面裸导线连接时，导线绑扎长度应以小截面导线绑扎长度为准。

(9) 不同金属导线的连接应有可靠的过渡金具。

第3章　架空线路巡检项目要求及运行维护

3.1　架空线路的巡视要求

3.1.1　通道的巡视

（1）线路保护区内有无易燃、易爆物品和腐蚀性液（气）体。

（2）导线对地，对道路、公路、铁路、索道、河流、建筑物等的距离应符合《配电网运行规程》（Q/GDW 519—2010）中线路间及与其他物体之间的距离的相关规定，有无可能触及导线的铁烟囱、天线、路灯等。

（3）是否存在可能被风刮起危及线路安全的物体（如金属薄膜、广告牌、风筝等）。

（4）线路附近的爆破工程有无爆破手续，其安全措施是否妥当。

（5）防护区内栽植的树、竹情况及导线与树、竹的距离是否符合规定，有无蔓藤类植物附生威胁安全。

（6）是否存在对线路安全构成威胁的工程设施（如施工机械、脚手架、拉线、开挖、地下采掘、打桩等）。

（7）是否存在电力设施被擅自移作他用的现象。

（8）线路附近出现的高大机械、缆风索及可移动的设施等。

（9）线路附近的污染源情况。

（10）线路附近河道、冲沟、山坡的变化，巡视、检修时使用的道路、桥梁是否损坏，是否存在江河泛滥及山洪、泥石流对线路的影响。

（11）线路附近修建的道路、码头、货物等情况。

（12）线路附近有无射击、放风筝、抛扔杂物、飘洒金属和在杆塔、拉线上拴牲畜等。

（13）是否存在在建、已建违反《电力设施保护条例》及《电力设施保护条例实施细则》的建筑和构筑物。

（14）通道内有无未经批准擅自搭挂的弱电线路。

（15）是否存在其他可能影响线路安全的情况。

3.1.2　杆塔和基础的巡视

（1）杆塔是否倾斜、位移，杆塔偏离线路中心不应大于0.1m，混凝土杆倾斜不应大于15/1000，转角杆不应向内角倾斜，终端杆不应向导线侧倾斜，向拉线侧倾斜应小于0.2m。

（2）混凝土杆不应有严重裂纹、铁锈水，保护层不应脱落、疏松、钢筋外露，混凝土杆不宜有纵向裂纹，横向裂纹不宜超过1/3周长，且裂纹宽度不宜大于0.5mm；焊接杆焊接处应无裂纹、无严重锈蚀；铁塔（钢杆）不应严重锈蚀，主材弯曲度不得超过5/1000，混凝土基础不应有裂纹、疏松、露筋。

（3）基础有无损坏、下沉、上拔，周围土壤有无挖掘或沉陷，杆塔埋深是否符合要求。

（4）杆塔有无被水淹、水冲的可能，防洪设施有无损坏、坍塌。

（5）杆塔位置是否合适、有无被车撞的可能，保护设施是否完好，警示标志是否清晰。

（6）杆塔标志，如杆号牌、相位牌、警告牌、3m线或其他埋深标记等是否齐全、清晰明显、规范统一、位置合适、安装牢固。

（7）各部螺丝应紧固，杆塔部件的固定处是否缺螺栓或螺母，螺栓是否松动等。

（8）杆塔周围有无藤蔓类植物和其他附着物，有无危及安全的鸟巢、风筝及杂物。

（9）有无未经批准同杆搭挂设施（配电线路、弱电线路、监控装置、广告牌、交通标识等设施），或非同一电源的低压配电线路。

（10）基础保护帽上部塔材有无被埋入土或废弃物堆中，塔材有无锈蚀、缺失。

3.1.3 横担、金具、绝缘子的巡视检查

（1）铁横担与金具有无严重锈蚀、变形、磨损、起皮或出现严重麻点，锈蚀表面积不应超过1/2，特别要注意检查金具经常活动、转动的部位和绝缘子串悬挂点的金具。

（2）横担上下倾斜、左右偏斜不应大于横担长度的2%。

（3）螺栓是否紧固，有无缺螺母、销子，开口销及弹簧销有无锈蚀、断裂、脱落。

（4）瓷质绝缘子有无损伤、裂纹和闪络痕迹，釉面剥落面积不应大于100mm^2，合成绝缘子的绝缘介质是否龟裂、破损、脱落。

（5）铁脚、铁帽有无锈蚀、松动、弯曲偏斜。

（6）瓷横担、瓷顶担是否偏斜。

（7）绝缘子钢脚有无弯曲，铁件有无严重锈蚀，针式绝缘子是否歪斜。

（8）在同一绝缘等级内，绝缘子装设是否保持一致。

（9）铝包带、预绞丝有无滑动、断股或烧伤，防振锤有无移位、脱落、偏斜。

（10）驱鸟装置工作是否正常。

3.1.4 拉线的巡视

（1）拉线有无断股、松弛、严重锈蚀和张力分配不匀的现象，拉线的受力角度是否适当，当一基电杆上装设多条拉线时，各条拉线的受力应一致。

（2）跨越道路的水平拉线，对路边缘的垂直距离不应小于6m，跨越电车行车线的水平拉线，对路面的垂直距离不应小于9m。

（3）拉线棒有无严重锈蚀、变形、损伤及上拔现象，必要时应做局部开挖检查。

（4）拉线基础是否牢固，周围土壤有无突起、沉陷、缺土等现象。

（5）拉线绝缘子是否破损或缺少，对地距离是否符合要求。

（6）拉线不应设在妨碍交通（行人、车辆）或易被车撞的地方，无法避免时应设有明显警示标志或采取其他保护措施，穿越带电导线的拉线应加设拉线绝缘子。

（7）拉线杆是否损坏、开裂、起弓、拉直。

（8）拉线的抱箍、拉线棒、UT 型线夹、楔型线夹等金具铁件有无变形、锈蚀、松动或丢失现象。

（9）顶（撑）杆、拉线桩、保护桩（墩）等有无损坏、开裂等现象。

（10）拉线的 UT 型线夹有无被埋入土或废弃物堆中。

（11）因环境变化，拉线是否妨碍交通。

3.1.5 导线的巡视

（1）导线有无断股、损伤、烧伤、腐蚀的痕迹，绑扎线有无脱落、开裂，连接线夹螺栓应紧固、无跑线现象，7 股导线中任一股损伤深度不得超过该股导线直径的 1/2，19 股及以上导线任一处的损伤不得超过 3 股。

（2）三相弛度是否平衡，有无过紧、过松现象，三相导线弛度误差不得超过设计值的－5％或＋10％，一般挡距内弛度相差不宜超过 50mm。

（3）导线连接部位是否良好，有无过热变色和严重腐蚀，连接线夹是否缺失。

（4）跳（挡）线、引线有无损伤、断股、弯扭。

（5）导线的线间距离，过引线、引下线与邻相的过引线、引下线、导线之间的净空距离以及导线与拉线、电杆或构件的距离应符合线路间及与其他物体之间的距离的规定。

（6）导线上有无抛扔物。

（7）架空绝缘导线有无过热、变形、起泡现象。

（8）支持绝缘子绑扎线有无松弛和开断现象。

（9）与绝缘导线直接接触的金具绝缘罩是否齐全、有无开裂、发热变色变形，接地环设置是否满足要求。

（10）线夹、连接器上有无锈蚀或过热现象（如：接头变色、熔化痕迹等），连接线夹弹簧垫是否齐全，螺栓是否紧固。

（11）过引线有无损伤、断股、松股、歪扭，与杆塔、构件及其他引线间距离是否符合规定。

（12）绝缘导线破口处密封处理是否完善。

3.2 配网架空线路维护检测

3.2.1 导线接头测试

导线接头是个薄弱环节，经长期运行的接头可能会增大接触电阻，接触不良的接头易引发线路故障。除正常巡视外，还应适时测量接头的电阻，具体测试有以下方式：

（1）电压降法。正常接头两端的电压降，一般不超过同样长度导线的电压降的 1.2 倍。若超过 2 倍应更换接头才能继续运行，以免引起事故。

测量时，可在带电线路上直接测量负荷电流和导线连接处的电压降，也可在停电后通直流电进行电压降的测量，但测量时要注意安全。

（2）温度法。温度法主要是通过测量导线接头温度来判定接头的连接质量是否符合质量标准。检测原理是利用红外线远距离测温。

3.2.2 红外温度测试

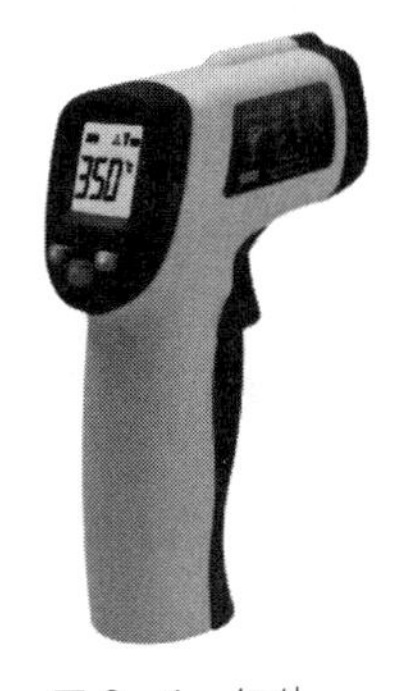

图3-1 红外测温仪

电流在导体中流过会使导体产生热量，架空线路中的开关、闸刀、导线、熔断器等设备之间的连接点如果接触不好，接触电阻增大，从而导致该接触点导体的温度上升。红外测温是配网中最常见的检查线路各种设备之间接触是否良好的手段。

红外测温仪如图3-1所示。具体的测试方法是用其镜头对准被测物体（重点为各类连接节点），测温仪内高亮显示处为温度较高的点，对准该处并使用测温仪记录温度。正常负荷时，导线各节点温度应控制在70℃以内，否则视为温度偏高。

3.3 架空线路的防护

（1）配电架空线路的防护区是为了保证线路的安全运行和保障人民生活正常供电而设置的安全区域，即导线两边线向外侧各水平延伸5m并垂直于地面所形成的两个平行面内；在厂矿、城镇等人口密集地区，架空电力线路保护区的区域可略小于上述规定，但各级电压导线边线延伸的距离，不应小于导线边线在最大计算弧垂及最大计算风偏的水平安全距离。

（2）运行单位需清除可能影响供电安全的物体，如：修剪树枝、砍伐树木及清理构筑物等，应按有关规定和程序进行；修剪树木，应保证在修剪周期内树枝与导线的距离符合线路间及与其他物体之间的距离规定的数值。

（3）运行单位的工作人员对下列事项可先行处理，但事后应及时通知有关单位：

1）为避免触电人身伤害及消除有可能造成严重后果的危急缺陷所采取的必要措施。

2）为处理电力线路事故，砍伐林区个别树木。

3）消除影响供电安全的电视机天线、铁烟囱，脚手架或其他凸出物等。

（4）在线路防护区内应按规定开辟线路通道，对新建线路和原有线路开辟的通道应严格按规定验收，并签订通道协议。

（5）当线路跨越主要通航江河时，应采取措施，设立标志，防止船桅碰线。

（6）在以下区域应按规定设置明显的警示标志：

1）架空电力线路穿越人口密集、人员活动频繁的地区。

2）车辆、机械频繁穿越架空电力线路的地段。

3）电力线路上的变压器平台。

4）临近道路的拉线。

5）电力线路附近的鱼塘。

6）杆塔脚钉、爬梯等。

表3-1～表3-4为线路间及与其他物体之间的距离。

表 3-1　架空配电线路与铁路、道路、河流、管道、索道及各种架空线路交叉或接近的基本要求

<table>
<tr><td colspan="2" rowspan="2">项　目</td><td colspan="3">铁路</td><td colspan="2">公路</td><td>电车道</td><td colspan="4">河流</td><td colspan="2">弱电线路</td><td colspan="6">电力线路/kV</td><td rowspan="2">特殊管道</td><td rowspan="2">一般管道、索道</td><td rowspan="2">人行天桥</td></tr>
<tr><td>标准轨距</td><td>窄轨</td><td>电气化线路</td><td>高速公路、一级公路</td><td>二、三、四级公路</td><td>有轨及无轨</td><td colspan="2">通航</td><td colspan="2">不通航</td><td>一、二级</td><td>三级</td><td><1</td><td>1～10</td><td>35～110</td><td>154～220</td><td>330</td><td>500</td></tr>
<tr><td colspan="2">导线最小截面</td><td colspan="21">铝线及铝合金线 $50mm^2$，铜线为 $16mm^2$</td></tr>
<tr><td colspan="2">导线在跨越挡内的接头</td><td>不应接头</td><td>—</td><td>—</td><td>不应接头</td><td>—</td><td>不应接头</td><td colspan="2">不应接头</td><td colspan="2">—</td><td>不应接头</td><td></td><td>交叉不应接头</td><td>交叉不应接头</td><td>—</td><td>—</td><td>—</td><td>—</td><td colspan="2">不应接头</td><td>—</td></tr>
<tr><td colspan="2">导线支持方式</td><td colspan="2">双固定</td><td>—</td><td>双固定</td><td>单固定</td><td>双固定</td><td colspan="2">双固定</td><td colspan="2">单固定</td><td>双固定</td><td>单固定</td><td>单固定</td><td>双固定</td><td>—</td><td>—</td><td>—</td><td>—</td><td colspan="2">双固定</td><td>—</td></tr>
<tr><td rowspan="4">最小垂直距离/m</td><td rowspan="2">项目/线路电压</td><td colspan="2" rowspan="2">至轨顶</td><td rowspan="2">接触线或承力索</td><td colspan="2" rowspan="2">至路面</td><td rowspan="2">至承力索或接触线
至路面</td><td rowspan="2">至常年高水位</td><td rowspan="2">至最高航行水位的最高船桅顶</td><td rowspan="2">至最高洪水位</td><td rowspan="2">冬季至冰面</td><td colspan="2" rowspan="2">至被跨越线</td><td colspan="6" rowspan="2">至导线</td><td colspan="2">电力线在下面</td><td rowspan="2">—</td></tr>
<tr><td>电力线在下面</td><td>电力线在下面至电力线上的保护措施</td></tr>
<tr><td>1～10kV</td><td>7.5</td><td>6.0</td><td>平原地区配电线路入地</td><td colspan="2">7.0</td><td>3.0/9.0</td><td>6.0</td><td>1.5</td><td>3.0</td><td>5.0</td><td colspan="2">2.0</td><td>2</td><td>2</td><td>3</td><td>4</td><td>5</td><td>8.5</td><td>3.0</td><td>2.0/2.0</td><td>5（4）</td></tr>
<tr><td>1kV以下</td><td>7.5</td><td>6.0</td><td>平原地区配电线路入地</td><td colspan="2">6.0</td><td>3.0/9.0</td><td>6.0</td><td>1.5</td><td>3.0</td><td>5.0</td><td colspan="2">1.0</td><td>1</td><td>2</td><td>3</td><td>4</td><td>5</td><td>8.5</td><td colspan="2">1.5/1.5</td><td>4（3）</td></tr>
</table>

续表

<table>
<tr><td colspan="2" rowspan="2">项目</td><td colspan="3">铁路</td><td colspan="2">公路</td><td>电车道</td><td colspan="2">河流</td><td colspan="2">弱电线路</td><td colspan="6">电力线路/kV</td><td rowspan="2">特殊管道</td><td rowspan="2">一般管道、索道</td><td rowspan="2">人行天桥</td></tr>
<tr><td>标准轨距</td><td>窄轨</td><td>电气化线路</td><td>高速公路、一级公路</td><td>二、三、四级公路</td><td>有轨及无轨</td><td>通航</td><td>不通航</td><td>一、二级</td><td>三级</td><td><1</td><td>1～10</td><td>35～110</td><td>154～220</td><td>330</td><td>500</td></tr>
<tr><td rowspan="3">最小水平距离/m</td><td>项目/线路电压</td><td colspan="3">电杆外缘至轨道中心</td><td colspan="2">电杆中心至路面边缘</td><td>电杆中心至路面边缘
电杆外缘至轨道中心</td><td colspan="2">与拉纤小路平等的线路、边导线至斜坡上缘</td><td colspan="2">在路径受限制地区，两线路边导线间</td><td colspan="6">在路径受限制地区，两线路边导线间</td><td colspan="2">在路径受限制地区，至管道、索道任何部分</td><td>导线边线至人行天桥边缘</td></tr>
<tr><td>1～10kV</td><td colspan="2" rowspan="2">交叉：5.0
平行：杆高+3.0</td><td rowspan="2">平行杆高+3.0</td><td colspan="2" rowspan="2">0.5</td><td>0.5/3.0</td><td colspan="2" rowspan="2">最高电杆高度</td><td colspan="2">2.0</td><td rowspan="2">2.5</td><td rowspan="2">2.5</td><td rowspan="2">5.0</td><td rowspan="2">7.0</td><td rowspan="2">9.0</td><td rowspan="2">13.0</td><td colspan="2">2.0</td><td>4.0</td></tr>
<tr><td>1kV以下</td><td>0.5/3.0</td><td colspan="2">1.0</td><td colspan="2">1.5</td><td>2.0</td></tr>
<tr><td colspan="2">备注</td><td colspan="2"></td><td>山区人地困难时，应协商，并签订协议</td><td colspan="2">公路分级、城市道路的分级，参照公路的规定</td><td></td><td colspan="2">最高洪水位时，有抗洪抢险船只航行的河流，垂直距离应协商决定</td><td colspan="2">（1）两平行线路在开阔地区的水平距离不应小于电杆高度。
（2）弱电线路分级见相关规定</td><td colspan="6">两平行线路开阔地区的水平距离不应小于电杆高度</td><td colspan="2">（1）特殊管道指架设在地面上的输送易燃、易爆物的管道。
（2）交叉点不应选择管道检查井（孔）处，与管道、索道平行、交叉时，管道、索道应接地</td><td></td></tr>
</table>

注 1. 1kV 以下配电线路与二、三级弱电线路与公路交叉时，导线支持方式不限制。

2. 架空配电线路与弱电线路交叉时，交叉挡弱电线路的木质电杆应有防雷措施。

3. 1～10kV 电力接户线与工业企业内自用的同电压等级的架空线路交叉时，接户线宜架设在上方。

4. 不能通航河流指不能通航也不能浮运的河流。

5. 对路径受限制地区的最小水平距离的要求，应计及架空电力线路导线的最大风偏。

6. 公路等级应符合《公路工程技术标准》（JTG B01—2014）的规定。

7. （ ）内数值为绝缘导线线路。

表 3－2　　架空线路导线间的最小容许距离　　单位：m

挡距	≤40	50	60	70	80	90	100
裸导线	0.6	0.65	0.7	0.75	0.85	0.9	1.0
绝缘导线	0.4	0.55	0.6	0.65	0.75	0.9	1.0

注　考虑登杆需要，接近电杆的两导线间水平距离不宜小于0.5m。

表 3－3　　架空线路与其他设施的安全距离限制　　单位：m

项　　目		10kV		20kV	
		最小垂直距离	最小水平距离	最小垂直距离	最小水平距离
对地距离	居民区	6.5	—	7.0	—
	非居民区	5.5	—	6.0	—
	交通困难区	4.5（3）	—	5.0	—
与建筑物距离		3.0（2.5）	1.5（0.75）	3.5	2.0
与行道树距离		1.5（0.8）	2.0（1.0）	2.0	2.5
与果树，经济作物，城市绿化，灌木距离		1.5（1.0）	—	2.0	—
甲类火险区		不容许	杆高1.5倍	不容许	杆高1.5倍

注　1. 垂直（交叉）距离应为最大计算弧垂情况下，水平距离应为最大风偏情况下。

2.（　）内为绝缘导线的最小距离。

表 3－4　　架空线路其他安全距离限制　　单位：m

项　　目	10kV	20kV
导线与电杆、构件、拉线的净距离	0.2	0.35
每相的过引线、引下线与邻相的过引线、引下线、导线之间的净距离	0.3	0.4

第4章　架空线路的状态检修

状态检修是以安全、可靠性、环境、成本为基础，通过设备状态评价、风险评估、检修决策，达到设备运行安全可靠、检修成本合理的一种检修策略。配网状态检修主要包含了设备状态评价（风险评估）和检修决策工作。

架空线路实施状态检修必须坚持“安全第一，预防为主，综合治理”的方针，确保人身、电网、设备的安全。

根据架空线路的状态评价结果和综合分析，适时做好架空线路的检修工作，做到“应修必修，修必修好”。确保架空线路健康，减少重复停电，提高用户供电可靠性。

4.1　架空线路状态评价原则

架空线路状态评价是指根据架空线路缺陷和故障的历史数据，通过状态量的表述方式，综合运用运行巡视、停电试验、带电检测、在线监测等手段获取的状态信息，对10kV架空线路的各种技术指标、性能、运行情况进行综合评价，为架空线路运行、维护和检修提供决策依据。

4.1.1　评价原则

架空线路宜按主干线线段和分支线（小分支可归并到上一级线路）为单元进行状态评价。各单元按相应的评价标准进行状态评价，在各单元评价的基础上，架空线路宜作为一个整体设备进行综合评价。

4.1.2　单元评价方法

(1) 架空线路单元状态评价以线路单元为单位，包括架空线路的杆塔（基础）、导线、绝缘子、铁件、金具、拉线、通道、接地装置及附件等部件。架空线路单元各部件的范围划分见表4-1。

表4-1　架空线路单元各部件的范围划分表

线路部件	代号	评价范围
杆塔（基础）	P_1	混凝土杆、铁塔、钢管杆的本体、基础、低压同杆
导线	P_2	裸导线、绝缘线
绝缘子	P_3	盘形悬式绝缘子、针式绝缘子、棒式绝缘子、双头瓷拉棒、拉线绝缘子等
铁件、金具	P_4	横担、线夹、接地环装置等
拉线	P_5	钢绞线、拉线金具、拉线基础

续表

线路部件	代号	评 价 范 围
通道	P_6	通道内线路交叉跨越情况、对地距离、水平距离情况等
接地装置	P_7	接地引下线、接地网
附件	P_8	标识、故障指示器等

状态评价工作主要针对以上表格中部件的评价范围，通过对部件范围内对象的综合评价，作为单元评价的基础。

(2) 架空线路单元状态评价内容主要包括绝缘性能、温度、机械特性、外观、负荷情况、接地电阻、电气距离等因素，对不同的部件选择不同评价因素，具体见表4-2架空线路单元状态评价内容表。

表4-2　　　　架空线路单元状态评价内容表

评价内容部件	代号	绝缘性能	温度	机械特性	外观	负荷情况	接地电阻	电气距离
杆塔（基础）	P_1			√	√			
导线	P_2		√	√	√	√		√
绝缘子	P_3	√		√	√			
铁件、金具	P_4		√	√	√			
拉线	P_5			√	√			√
通道	P_6				√			
接地装置	P_7				√		√	
附件	P_8				√		√	

注　"√"表示对该部件的相应状态量进行评价，以下均同。

(3) 通过对各部件的状态量进行评分，实现对各单元的状态评价工作，架空线路单元各部件评价的状态量具体见表4-3架空线路单元评价内容包含的状态量表。

表4-3　　　　架空线路单元评价内容包含的状态量表

部件	代号	状 态 量
杆塔（基础）	P_1	机械特性（埋深）、外观（倾斜度、裂纹、锈蚀、防护、沉降、低压同杆）
导线	P_2	温度、机械特性（断股）、外观（弧垂、散股、绝缘、异物、锈蚀）、负载、距离（电气距离、交跨距离、水平距离）
绝缘子	P_3	绝缘性能（污秽）、机械特性（固定）、外观（破损）
铁件、金具	P_4	电气连接温度、机械特性（紧固）、外观（锈蚀、弯曲度、附件完整度）
拉线	P_5	机械特性（埋深）、外观（锈蚀、防护、沉降、松紧）、电气距离（交跨距离）
通道	P_6	外观（保护距离）
接地装置	P_7	外观（接地引下线外观）、接地电阻
附件	P_8	外观（标识齐全、故障指示器等安装）

针对以上架空线路单元的状态量，主要以日常巡检、例行试验、家族缺陷、运行信息、带电检测、在线监测等方式获取。

(4) 架空线路单元状态评价以量化的方式进行，各部件起评分为100分，各部件的最大扣分值为100分，根据杆塔（基础）等8个部件的功能、重要性，对各部件设定不同的权重系数和最大扣分值。架空线路单元各部件得分权重表，见表4-4。

表4-4　　架空线路单元各部件权重表

部件	杆塔（基础）	导线	绝缘子	铁件、金具	拉线	通道	接地装置	附件
部件代号	P_1	P_2	P_3	P_4	P_5	P_6	P_7	P_8
权重代号	K_1	K_2	K_3	K_4	K_5	K_6	K_7	K_8
权重	0.15	0.10	0.10	0.10	0.15	0.20	0.05	0.15

架空线路单元的状态量和最大扣分值见表4-5。

表4-5　　架空线路单元的状态量和最大扣分值表

序号	状态量名称	部件代号	最大扣分值/分	序号	状态量名称	部件代号	最大扣分值/分
1	埋深	P_1/P_5	40	17	交跨距离	P_2	40
2	倾斜度	P_1	40	18	水平距离	P_2	40
3	裂纹	P_1	40	19	污秽	P_3	40
4	塔材、金具、铁件锈蚀	P_1/P_4	30	20	破损	P_3	40
5	防护	P_1/P_5	20	21	固定	P_3	40
6	沉降	P_1/P_5	40	22	温度	P_4	40
7	低压同杆	P_1	40	23	紧固	P_4	40
8	弧垂	P_2	20	24	弯曲度	P_4	40
9	断股	P_2	40	25	附件完整度	P_4	40
10	散股	P_2	25	26	拉线锈蚀	P_5	40
11	绝缘破损	P_2	20	27	拉线松紧	P_5	40
12	温度	P_2	40	28	保护距离	P_6	40
13	负载	P_2	40	29	接地引下线外观	P_7	40
14	导线锈蚀	P_2	40	30	接地电阻	P_7	30
15	异物	P_2	40	31	标识齐全	P_8	30
16	电气距离	P_2/P_5	40	32	故障指示器等安装	P_8	30

(5) 评价结果。

1) 部件得分：某一部件的最后得分为

$$M_P = m_P K_F K_T \quad (P=1, \cdots, 8) \qquad (4-1)$$

式中　M_P——某一部件的最后得分；

m_P——某一部件的基础得分；

K_F——某一部件的家族缺陷系数；

K_T——某一部件的寿命系数。

某一部件的基础得分 $m_P=100$ 分时，表示相应部件状态量中的最大扣分值，$P=1$，2，…，8。对存在家族缺陷的部件，取家族缺陷系数 $K_F=0.95$，无家族缺陷的部件 $K_F=1$。寿命系数 $K_T=$（100－运行年数×0.3）/100。

2）某类部件得分。某类部件都在正常状态时，该类部件得分取算数平均值；有一个及以上部件得分在正常状态以下时，该类部件得分与最低的部件一致。

各部件的评价结果按量化分值的大小分为四种状态：评分在85～100分之间为正常状态；评分在75～85分（含）之间为注意状态；评分在60～75分（含）之间为异常状态；评分在60分（含）之间以下为严重状态。

3）架空线路单元得分。所有类部件的得分都在正常状态时，该架空线路单元的状态为正常状态，最后得分$=\sum(K_P M_P)$，$P=1$，…，8；有一类及以上部件得分在正常状态以下时，该架空线路单元的状态为最差类部件的状态，最后得分$=\min(M_P)$，$P=1$，…，8。

4.1.3 架空线路状态评价评分标准

根据架空线路各单元运行检修的要求，针对各部分的状态量确定评价标准要求和评分标准。

1. 杆塔（基础）

杆塔主要包括埋深、倾斜度、裂纹、锈蚀、防护、沉降、同杆搭挂等状态量。根据各状态量的特点和规程要求，确定不同的评分标准。

（1）状态量埋深的评价标准要求：单回路混凝土杆埋深：8m杆埋深1.5m，9m杆埋深1.6m，10m杆埋深1.7m，12m杆埋深1.9m，13m杆埋深2.0m，15m杆埋深2.3m，18m杆埋深2.5m；多回路混凝土杆埋深应符合设计要求。

评分标准：埋深不足98%，扣10分；埋深不足95%，扣20分；埋深不足80%，扣30分；埋深不足65%，扣40分。

（2）状态量倾斜度的评价标准要求：倾斜度（包括挠度）小于1.5%；铁塔倾斜度小于0.5%（适用于50m及以上高度铁塔）或小于1.0%（适用于50m以下高度铁塔）；钢管塔倾斜度符合设计值。

评分标准：轻微倾斜（不影响安全运行），不扣分；轻度倾斜，扣20分；中度倾斜，扣30分；严重倾斜，扣40分。

（3）状态量裂纹的评价标准要求：不应有纵向裂纹，横向裂纹的宽度不应超过0.5mm，长度不应超过周长的1/3。

评分标准：轻微裂纹（不影响安全运行），扣10分；轻度裂纹，扣20分；中度裂纹，扣30分；严重裂纹（有纵向裂纹或横向裂纹的宽度超过0.5mm，长度超过周长的1/3），扣40分。

（4）状态量锈蚀的评价标准要求：塔材镀锌层无脱落、开裂，塔材无锈蚀。

评分标准：轻微锈蚀的不扣分；中度锈蚀的扣20分；严重锈蚀的扣30分。

（5）状态量防护的评价标准要求：道路边的杆塔应设防护设施。

评分标准：防护设施设置不规范的扣 10 分；应该设防护设施而未设置的扣 20 分。

（6）状态量沉降的评价标准要求：基面平整、基础周围的土壤无突起或沉降、位移。杆塔、基础无沉降。

评分标准：轻微沉降（5～15cm），扣 5～25 分；明显沉降（15～25cm），扣 25～40 分；严重沉降（25cm 以上），扣 40 分。

（7）状态量同杆搭挂的评价标准要求：高低压线路需同一电源；弱电线应经批准后搭挂；禁止搭挂广告牌等影响登杆的设施。

评分标准：同杆低压线路与高压不同电源，扣 40 分；弱电线路未经批准搭挂，扣 20 分；搭挂广告牌等影响登杆的设施，扣 10 分。

完成各状态量的评分后，根据计算公式杆塔（基础）部件得分为

$$M_1 = m_1 K_F K_T \tag{4-2}$$

2. 导线

导线主要包括弧垂、断股、散股、绝缘、温度、锈蚀、异物、电气距离、负载、交跨距离、水平距离等状态量。根据各状态量的特点和规程要求，确定不同的评分标准。

（1）状态量弧垂的评价标准要求：三相弛度是否平衡，有无过紧、过松现象；三相导线弛度误差不应超过设计值得－5％或＋10％；一般挡距内弛度相差不宜超过 50mm。

评分标准：三相弛度不平衡，过紧、过松程度，视情况酌情扣 5～20 分；三相导线弛度误差超过设计值的－5％或＋10％，视情况酌情扣 5～20 分；一般挡距内弛度相差超过 50mm，视情况酌情扣 5～20 分。

（2）状态量断股的评价标准要求：导线应无断股，7 股导线中的任一股损伤深度不得超过该股导线的 1/2；19 股以上导线某处的损伤不得超过 3 股。

评分标准：

1）扣 25 分的情况：①7 股导线中有 1 股、19 股导线中有 3～4 股、35～37 股导线中有 5～6 股且损伤深度超过该股导线的 1/2；②绝缘导线线芯在同一截面内损伤面积达到线芯导电部分截面的 10％～17％。

2）扣 40 分的情况：①7 股导线中有 2 股、19 股导线中有 5 股、35～37 股导线中有 7 股且损伤深度超过该股导线的 1/2；②钢芯铝绞线钢芯断 1 股者；绝缘导线线芯在同一截面内损伤面积超过线芯导电部分截面的 17％。

3）其他情况视实际情况酌情扣分。

（3）状态量散股的评价标准要求：无散股、灯笼现象。

评分标准：出现散股、灯笼现象，扣 15 分；出现 3 处及以上散股，扣 25 分。

（4）状态量绝缘的评价标准要求：绝缘导线绝缘层良好。

评分标准：视绝缘破损程度，酌情扣 5～20 分；绝缘导线薄皮未进行绝缘包裹或包裹掉落，扣 20 分。

（5）状态量温度的评价标准要求：相间温度差小于 10K；接头温度小于 75℃。

评分标准：①相间温度差扣分标准，相间温度差与扣分图如图 4-1 所示，相间温度差小于 10K，不扣分；相间温度差介于 10～40K，每增加 1K 多扣 1 分；相间温度差超过 40K，扣 30 分；②接头温度扣分标准：温度在 75～80℃（含）之间，扣 10 分；温度在 80～90℃（含）之间，扣 20 分；大于 90℃，扣 40 分；③合计取两项扣分中的较大值。

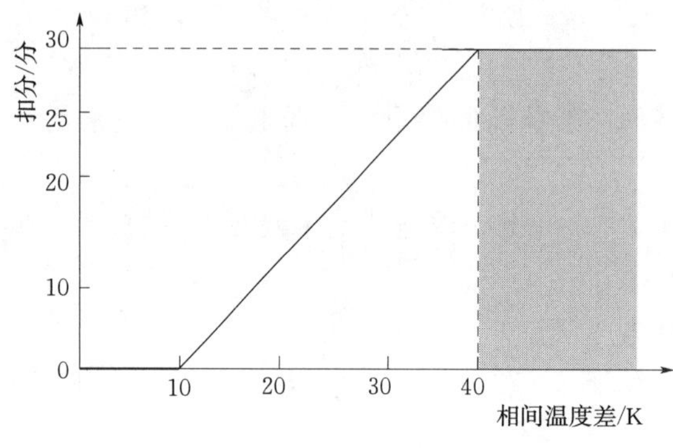

图 4-1　相间温度差与扣分图

(6) 状态量锈蚀的评价标准要求：无锈蚀。

评分标准：轻微锈蚀，不扣分；中度锈蚀，扣 20 分；严重锈蚀，扣 30 分。

(7) 状态量异物的评价标准要求：导线上无异物。

评分标准：有小异物但不影响安全运行的，扣 15 分；有大异物将会引起相间短路等故障的，扣 40 分。

(8) 状态量电气距离的评价标准要求：符合相关规程规定。

评分标准：不符合规程规定视实际情况酌情扣分，最大扣分 40 分。

(9) 状态量负载的评价标准要求：一般情况下不能超载运行。

评分标准：长期达到 80%～85%，扣 10 分；85%～90%，扣 20 分；90%～100%，扣 30 分；100%以上，扣 40 分。

(10) 状态量交跨距离的评价标准要求：符合相关规程。

评分标准：一处不合格扣 40 分。

(11) 状态量水平距离的评价标准要求：符合相关规程。

评分标准：与建筑物、构筑物、树木等水平距离一处不合格，扣 40 分。

完成各状态量的评分后，根据计算公式导线部件得分：

$$M_2 = m_2 K_F K_T \qquad (4-3)$$

3. 绝缘子

绝缘子主要包括污秽、破损、固定等状态量。根据各状态量的特点和规程要求，确定不同的评分标准。

(1) 状态量污秽的评价标准要求：外观清洁。

评分标准：污秽较严重，扣 20 分；污秽严重，雾天（阴雨天）有明显放电，扣 30 分；有严重放电，扣 40 分。

(2) 状态量破损的评价标准要求：瓷绝缘子无裂缝，釉面剥落面积不应大于 $100mm^2$；玻璃绝缘子无爆裂。

评分标准：瓷绝缘子釉面剥落面积小于 $100mm^2$，扣 5～30 分；瓷绝缘子有裂缝、釉面剥落面积大于 $100mm^2$、破裂，扣 40 分；玻璃绝缘子有爆裂，扣 40 分。

(3) 状态量固定的评价标准要求：牢固。

评分标准：未固定牢固，仅有轻微倾斜（不影响安全运行）的，不扣分；其他情况视倾斜程度扣 20～40 分。

完成各状态量的评分后，根据计算公式绝缘子部件得分：

$$M_3 = m_3 K_F K_T \tag{4-4}$$

4. 铁件、金具

铁件、金具主要包括电气连接温度、紧固、锈蚀、弯曲度、附件完整度等状态量。根据各状态量的特点和规程要求，确定不同的评分标准。

（1）状态量电气连接温度评价的标准要求：相间温度差小于 10K；接头温度小于 75℃。

评分标准：①相间温度差扣分标准，相间温度差与扣分图如图 4-1 所示：相间温度差小于 10K，不扣分；相间温度差介于 10～40K，每增加 1K 多扣 1 分；相间温度差超过 40K，扣 30 分；②接头温度扣分标准：温度在 75～80℃（含）之间，扣 10 分；温度在 80～90℃（含）之间，扣 20 分；温度大于 90℃，扣 40 分；③合计取两项扣分中的较大值。

（2）状态量紧固的评价标准要求：安装牢固、可靠。

评分标准：不符合标准视实际情况酌情扣分，最大扣分 40 分。

（3）状态量锈蚀的评价标准要求：锈蚀时不应有起皮和严重麻点现象。

评分标准：轻度锈蚀，不扣分；中度锈蚀，扣 20 分；严重锈蚀，扣 30 分。

（4）状态量弯曲度的评价标准要求：横担上下倾斜，左右偏歪不应大于横担长度的 2%，无明显变形。

评分标准：横担上下倾斜、左右偏歪不足横担长度的 2%，扣 5～20 分；横担上下倾斜、左右偏歪大于横担长度的 2%、严重变形，扣 25～40 分。

（5）状态量附件完整度的评价标准要求：完整无缺。

评分标准：连接金具的保险销子脱落、生锈失效，金具串钉移位、脱出，挂环断裂、变形等扣 40 分；其他视实际情况酌情扣分，最大扣 40 分。

完成各状态量的评分后，根据计算公式铁件、金具部件得分：

$$M_4 = m_4 K_F K_T \tag{4-5}$$

5. 拉线

拉线主要包括锈蚀、松紧、埋深、沉降、防护、交跨距离等状态量。根据各状态量的特点和规程要求，确定不同的评分标准。

（1）状态量锈蚀的评价标准要求：无锈蚀。

评分标准：轻微锈蚀不扣分；中度锈蚀扣 20 分；严重锈蚀扣 30 分。

（2）状态量松紧的评价标准要求：无松弛。

评分标准：轻微松弛未发生杆子倾斜，扣 10 分；中度松弛，扣 20 分；明显松弛杆子倾斜，扣 40 分。

（3）状态量埋深的评价标准要求：符合设计要求。

评分标准：埋深不足 98%，扣 10 分；埋深不足 95%，扣 20 分；埋深不足 80%，扣 30 分；埋深不足 65%，扣 40 分。

（4）状态量沉降的评价标准要求：无异常。

评分标准：轻微沉降（5～15cm），扣 5～25 分；明显沉降（15～25cm），扣 25～40 分；严重沉降（25cm 以上），扣 40 分。

（5）状态量防护的评价标准要求：道路边的拉线应设防护设施（护坡、反光管、拉线绝缘子）。

评分标准：防护设施设置不标准，扣10分；该设防护设施而未设置的，扣20分；拉线设置在严重影响行人和交通的地方，扣40分。

完成各状态量的评分后，根据计算公式拉线部件得分：

$$M_5 = m_5 K_F K_T \tag{4-6}$$

6. 通道

通道主要包括保护距离等状态量。根据各状态量的特点和规程要求，确定不同的评分标准。

状态量保护距离评价的标准要求：线路通道保护区内无建筑、堆积物、通道内的竹木应满足规程要求。

评分标准：不符合条件的，扣20～40分。

完成各状态量的评分后，根据计算公式通道部件得分：

$$M_6 = m_6 K_F K_T \tag{4-7}$$

7. 接地装置

接地装置主要包括接地引下线外观、接地电阻等状态量。根据各状态量的特点和规程要求，确定不同的评分标准。

（1）状态量接地引下线外观的评价标准要求：连接牢固，接地良好；引下线截面不得小于$25mm^2$铜芯线或镀锌钢绞线，$35mm^2$钢芯铝绞线；接地棒直径不得小于12mm的圆钢或40×4的扁钢；埋深耕地不小于0.8m，非耕地不小于0.6m。

评分标准：无明显接地情况，扣15分，连接松动、接地不良时，扣25分，出现断开、断裂，扣40分；引下线截面不满足要求，扣30分；接地引线轻微锈蚀［小于截面直径（厚度）10%］，扣10分，中度锈蚀［大于截面直径（厚度）10%］，扣15分；较严重锈蚀［大于截面直径（厚度）20%］，扣30分，严重锈蚀［大于截面直径（厚度）30%］，扣40分；埋深不足扣20分。

（2）状态量接地电阻的评价标准要求：接地电阻符合按《10kV及以下架空配电线路设计技术规程》（DL/T 5220—2005）规定。

评分标准：不符合扣30分。

完成各状态量的评分后，根据计算公式接地装置部件得分：

$$M_7 = m_7 K_F K_T \tag{4-8}$$

8. 附件

附件主要包括标识齐全、故障指示器等安装状态量。根据各状态量的特点和规程要求，确定不同的评分标准。

（1）状态量标识齐全的评价标准要求：设备标识和警示标识齐全、准确、完好。

评分标准：安装高度达不到要求，扣5分；标识错误，扣30分；无标识或缺少标识，扣30分。

（2）状态量故障指示器等安装的评价标准要求：防鸟器、防雷金具、故障指示器安装牢靠，满足安全要求。

评分标准：影响安全运行扣30分，其余酌情扣分。

完成各状态量的评分后，根据计算公式标识齐全部件得分：

$$M_8 = m_8 K_F K_T \tag{4-9}$$

9. 整体评价结果

根据计算公式可以计算评价结果。

评价得分：$M=\sum(K_P M_P)$，其中：$P=1, 2, 3, \cdots, 8$；$K_1=0.15$，$K_2=0.1$，$K_3=0.1$，$K_4=0.1$，$K_5=0.15$，$K_6=0.2$，$K_7=0.05$，$K_8=0.15$。

根据整体评价结果为制定检修策略提供依据。

4.2 状态检修策略

4.2.1 定义

以安全、可靠性、环境、成本为基础，通过设备状态评价、风险评估、检修决策，达到设备运行安全可靠，检修成本合理的一种检修策略。

(1) A类检修指整体性检修，对配网设备进行较全面、整体性的解体修理、更换。

(2) B类检修指局部性检修，对配网设备部分功能部件进行局部的分解、检查、修理、更换。

(3) C类检修指一般性检修，对设备在停电状态下进行的例行试验、一般性消缺、检查、维护和清扫。

(4) D类检修指维护性检修和巡检，对设备在不停电状态下进行的带电测试和设备外观检查、维护、保养。

(5) E类检修指设备带电情况下采用绝缘手套作业法、绝缘杆作业法进行的检修、消缺、维护。

4.2.2 总则

根据架空线路的状态评价结果和综合分析，适时做好架空线路的检修工作，做到“应修必修，修必修好”。确保架空线路健康，减少重复停电，提高用户供电可靠性。

4.2.3 停电检修策略

1. 正常状态设备

正常状态设备的停电检修按C类检修项目执行，试验按《配网设备状态检修试验规程》(Q/GDW 643—2011) 例行试验项目执行。

2. 注意状态设备

注意状态设备的停电检修，试验按《配网设备状态检修试验规程》(Q/GDW 643—2011) 例行试验项目执行，必要时增做部分诊断性试验项目。

3. 异常状态、严重状态设备

异常状态、严重状态设备的停电检修按规程执行试验项目除按《配网设备状态检修试验规程》(Q/GDW 643—2011)例行试验项目执行外，还应根据异常的程度增做诊断性试验项目，必要时进行设备更换。

4. 同步原则

架空线路同一停电范围中某个设备需要进行停电检修时，其他的设备宜同时安排停电检修；因故提前检修，且需相应架空线路陪停时，如检修时间提前不超过2年的，架空线路及相关设备宜同时安排检修。

4.2.4 停电检修周期调整

1. 正常状态设备

正常状态设备的C类检修，原则上特别重要设备的检修周期6年1次，重要设备的检修周期10年1次。满足《配网设备状态检修试验规程》(Q/GDW 643—2011) 4.5.1条[①巡检中未发现可能危及人身和设备安全运行的任何异常；②带电检测（如有）显示设备状态良好；③上次例行试验与其前次例行（或交接）试验结果相比无明显差异；④上次例行试验以来，没有经受严重的不良工况]，延长试验时间条件的设备可推迟1个年度进行检修。

2. 注意状态设备

注意状态设备的C类检修宜按基准周期适当提前安排。

3. 异常状态设备

异常状态设备的停电检修应按具体情况及时安排。

4. 严重状态设备

严重状态设备的停电检修应按具体情况限时安排，必要时立即安排。

4.2.5 具有家族缺陷的设备检修

所谓家族缺陷是指同一厂家、同一型号、同一时期产品在运行工程中的频繁发生相同的故障、缺陷。

当确认某一类设备有家族缺陷时，应安排普查或进行诊断性试验。对于未消除家族缺陷的设备，应根据其评价结果重新修正检修周期。

4.2.6 巡检和带电检测

(1) 正常状态的架空线路应按照以下要求开展巡检和带电检测工作：

1) 巡检：市区线路一个月一巡检，郊区及农村一个季度一巡检。

2) 例行试验：杆塔、拉线检查一般每5年1次，发现问题后每年1次；接地装置试验及检查4年1次；导线检查，运行环境发生较大变化时进行。

(2) 注意状态的设备，对其状态量加强巡检和带电检测，并适当缩短巡检周期，及时做好跟踪分析工作。

(3) 异常和严重状态的设备，对其状态量制定相应的巡检和带电检测计划，做好应急处理预案。

(4) 迎峰度夏（冬）期间应对重载或重要的配网设备进行红外测温及特殊巡视。

4.2.7 检修原则

注意、异常、严重状态的配网设备检修原则，见表4-6。

表4-6　注意、异常、严重状态的配网设备检修原则表

部件	状态量	状态变化因素	注意状态	异常状态	严重状态
杆塔	埋深	埋深不足	（1）加强巡视。 （2）计划安排D类检修	及时安排D类检修	限时安排D类检修
杆塔	倾斜度	铁塔、混凝土杆倾斜变形	（1）加强运行监视。 （2）计划安排D类检修	（1）加强运行监视。 （2）及时安排D类或B类检修	限时安排D类或B类检修进行更换
杆塔	裂纹	混凝土杆表面老化、裂缝	（1）加强运行监视。 （2）计划安排D类检修	（1）加强运行监视。 （2）及时安排B类检修	限时安排B类检修
杆塔	锈蚀	铁塔、钢管杆、混凝土杆接头锈蚀	计划安排D类检修，进行加固及专业防腐	及时安排B类检修改造	—
杆塔	防护	紧固件及防盗装置异常	（1）加强巡视。 （2）计划安排D类检修	—	—
杆塔	沉降	杆塔基础异常	（1）加强巡视。 （2）计划安排D类检修	及时安排D类检修	限时安排D类检修
杆塔	同杆挂设	高低压同电源。 弱电线路未经批准后搭挂禁止搭挂广告牌等影响登杆的设施	计划安排D类检修	—	限时安排D类检修
导线	温度	接头温度异常	（1）加强红外测温。 （2）计划安排E类或B类检修	（1）立即跟踪红外测温。 （2）及时安排E类或B类检修	限时安排E类或B类检修
导线	断股	导线受损	（1）加强巡视。 （2）计划安排E类或B类检修	及时安排E类或B类检修	限时安排E类或B类检修
导线	散股	导线受损	（1）加强巡视。 （2）计划安排E类或B类检修	及时安排E类或B类检修	限时安排E类或B类检修
导线	绝缘破损	导线受损	（1）加强巡视。 （2）计划安排E类或B类检修	及时安排E类或B类检修	限时安排E类或B类检修

续表

部件	状态量	状态变化因素	注意状态	异常状态	严重状态
导线	弧垂	导线弧垂异常	（1）加强弧垂跟踪测量。 （2）计划安排C类检修	—	—
	异物	导线上有异物	（1）加强巡视。 （2）计划安排E类或C类检修	及时安排E类或C类检修	限时安排E类或C类检修
	锈蚀	导线锈蚀	（1）加强巡视。 （2）计划安排E类检修	及时安排E类或B类检修	—
	负载	导线重载或过载	（1）加强红外测温。 （2）计划安排E类检修	（1）立即跟踪红外测温。 （2）及时安排E类或B类检修	限时安排E类或B类检修
导线	电气距离	导线电气距离不足	计划安排E类或C类检修	及时安排E类或C类检修	限时安排E类或B类检修
	交跨距离	导线电气距离不足	—	—	限时安排E类或B类检修
	水平距离	不满足要求	—	—	
绝缘子	污秽	绝缘子污秽、闪络	（1）加强巡视。 （2）计划安排E类或B类检修	及时安排E类或B类检修	限时安排E类或B类检更换
	破损	釉面脱漏	（1）加强巡视。 （2）计划安排E类或B类检修	及时安排E类或B类检修	限时安排E类或B类检更换
	固定	绝缘子松动	（1）加强巡视。 （2）计划安排E类或B类检修	及时安排E类或B类检修	限时安排E类或B类检更换
铁件、金具	温差	电气连接点温度异常	（1）加强红外测温。 （2）计划安排E类或B类检修	（1）立即跟踪红外测温。 （2）及时安排E类或B类检修	限时安排E类或B类检修
	锈蚀	铁件和金具锈蚀	计划安排E类检修，进行防腐处理	及时安排E类或B类检修	—

续表

部件	状态量	状态变化因素	注意状态	异常状态	严重状态
铁件、金具	紧固	安装欠牢固、可靠	（1）加强巡视。 （2）计划安排E类或B类检修	及时安排E类或B类检修	限时安排E类或B类检修
	弯曲度	倾斜变形	（1）跟踪检测倾斜度、横担歪斜程度。 （2）计划安排D类检修	（1）跟踪检测倾斜度、横担歪斜程度。 （2）及时安排D类或B类检修	限时安排D类检修或B类检修
	附件完整度	安装松动、附件欠缺	计划安排E类或C类、B类检修	及时安排E类或C类、B类检修	限时安排E类或C类、B类检修进行更换
拉线	锈蚀	拉线锈蚀	（1）加强巡视。 （2）计划安排E类或B类检修更换	及时安排E类或B类检修	—
	松紧	松弛或过紧	（1）加强巡视。 （2）计划安排D类检修	及时安排D类检修	限时安排D类检修
	埋深	埋深不足	（1）加强巡视。 （2）计划安排D类检修	及时安排D类检修	限时安排D类检修
	沉降	基础异常	（1）加强巡视。 （2）计划安排D类检修	及时安排D类检修	限时安排D类检修
	防护	道路边的拉线设防护设施异常	（1）加强巡视。 （2）计划安排D类检修	—	—
通道	保护距离	线路通道保护区内有违章建筑、堆积物等	（1）加强巡视。 （2）计划安排E类检修	及时安排E类或B类检修	限时安排E类或B类检修
接地装置	接地引下线外观	接地体连接不良，埋深不足	计划安排D类检修	及时安排D类检修	限时安排D类检修
	接地电阻	接地电阻异常	—	及时安排D类检修	—

续表

部件	状态量	状态变化因素	注意状态	异常状态	严重状态
标识、附件	标识齐全	设备标识和警示标识不全，模糊、错误	计划安排D类检修	（1）立即挂设临时标识牌。 （2）及时安排D类检修	—
	故障指示器等安装	防鸟器、防雷金具、故障指示器等安装不当	（1）加强巡视。 （2）计划安排D类检修	及时安排D类检修	—

4.2.8 架空线路检修项目及分类

针对架空线路的综合评价，安排对其进行不同类别的检修，按照A、B、C、D、E类开展不同检修目录，10kV架空线路检修项目分类表，见表4-7。

表4-7 10kV架空线路检修项目分类表

检修分类	检修项目
A类检修	（1）杆塔更换、移位、升高（五基及以上）。 （2）导线、地线更换（一个耐张段以上）
B类检修	（1）主要部件更换及加装：①导线、地线；②杆塔。 （2）其他部件批量更换及加装：①横担或主材更换；②绝缘子更换；③避雷器更换；④金具更换；⑤其他。 （3）主要部件处理：①基础加固；②杆塔加固；③调整导线、地线弛度；④其他
C类检修	（1）设备清扫、维护、检查、修理等工作。 （2）设备例行试验
D类检修	（1）线路巡视，带电测试。 （2）接地装置更换。 （3）杆塔拉线（拉棒）更换。 （4）斜材更换。 （5）铁塔防腐处理。 （6）通道清障（交叉跨越、树竹砍伐等）。 （7）维护、保养等其他工作
E类检修	带电检修、消缺和维护

4.2.9 架空线路检修作业

（1）正常状态架空线路检修按C类检修执行。正常状态架空线路C类检修时的检修项目、检修内容、技术要求见表4-8。

表 4-8　　正常状态架空线路 C 类检修表

检修项目	检修内容	技术要求	备注
导线	检查导线	导线完好，无破损、异物；绝缘导线绝缘层完好、无开裂、破损现象，绝缘罩完好无缺失	
	打开线夹检查导线	线夹内导线无闪络、放电、灼烧痕迹，铝包带完好，线夹连接紧固	
	调整弧垂及电气距离符合安全要求	调整弧垂时，应进行应力计算，并根据导地线型号、牵引张力正确选用工器具和设备。导地线弧垂调整后，应满足运行规程要求	
绝缘子	检查绝缘子连接部位	绝缘子各连接金属销应无脱落、锈蚀，钢帽、钢脚有无偏斜、裂纹、变形或锈蚀现象	
	检查绝缘子表面	瓷质（玻璃、瓷棒）绝缘子应无闪络、裂纹、灼伤、破损等痕迹	
	检查复合绝缘子	复合绝缘子应无伞裙损伤、端部密封不良等情况	
	清扫绝缘子	瓷质（玻璃）绝缘子停电清扫应逐片进行，对污秽严重的绝缘子应使用清洗剂擦拭	
铁件、金具	检查金具	金具应无变形、锈蚀、松动、开焊、裂纹，连接处应转动灵活	
	检查各种金具开口销	各种金具的销子应齐全、完好	
	检查横担、铁件	横担、铁件无等松动、无锈蚀、变形、歪斜	
其他	检查防鸟器、防雷金具、故障指器等是否完好	防鸟器、防雷金具、故障指示器等应完好，无破损	

（2）注意、异常、严重状态架空线路依据评价结果及现场情况可采用 A 类、B 类、C 类、D 类、E 类检修，具体按杆塔（基础）、导线、绝缘子、铁件、金具、拉线、接地装置、附件等八类部件进行检修。

1）注意、异常、严重状态下杆塔及基础部件的检修类别、检修内容、技术要求等见表 4-9。

表 4-9　　注意、异常、严重状态的杆塔及基础部件检修表

缺陷	状态	检修类别	检修内容	技术要求	备注
埋深不足	注意 异常 严重	D类	（1）夯土回填：回填土每升高 500mm，夯实 1 次，回填土高出地面 300mm。 （2）基础加固： 1）装配式基础、洪水冲刷严重的基础需要加固（或防腐）时，应事先打好杆塔临时拉线。 2）修补、补强基础时，混凝土中严禁掺入氯盐，不同品种的水泥不应在同一个基础腿中同时使用	（1）单回路混凝土杆埋深不小于以下标准：8m 杆的为 1.5m；9m 杆的为 1.6m；10m 杆的为 1.7m；12m 杆的为 1.9m，13m 杆的为 2.0m；15m 杆的为 2.3m；18m 杆的为 2.6～3.0m。 （2）双回路及其他：双回路及其他电杆埋深应符合设计要求	

续表

<table>
<tr><th>缺陷</th><th>状态</th><th>检修类别</th><th>检修内容</th><th>技术要求</th><th>备注</th></tr>
<tr><td rowspan="3">铁塔、混凝土杆倾斜变形</td><td>注意</td><td rowspan="3">D类、B类</td><td rowspan="3">(1) 电杆扶正：
1) 倾斜电杆在扶正处理前必须打好临时拉线。
自立式电杆的倾斜扶正必须将根部开挖后方可处理。
2) 倾斜扶正应采用紧线器具进行微调，严禁采用人（机械）拉大绳的方法。
(2) 更换杆塔：按组立杆塔作业流程进行；更换耐张杆塔时应两侧加装临时拉线</td><td rowspan="3">(1) 水泥杆倾斜度（包括挠度）小于 1.5%，双杆迈步不应大于 30mm。
(2) 铁塔倾斜度小于 0.5%（适用于 50m 及以上高度铁塔）或小于 1.0%（适用于 50m 以下高度铁塔）。
(3) 钢管塔挠度符合设计值</td><td rowspan="3"></td></tr>
<tr><td>异常</td></tr>
<tr><td>严重</td></tr>
<tr><td rowspan="2">铁塔、钢管杆、混凝土杆接头锈蚀</td><td>注意</td><td>D类</td><td>杆塔防腐处理：
1) 杆塔防腐通常采用涂刷防腐漆的办法，电杆钢圈接头的防腐也可采用环氧树脂、水泥包覆的方法处理。
2) 采用涂刷防腐漆，应严格按照“除锈、底漆、面漆”的工艺程序</td><td rowspan="2">塔材无锈蚀；塔材镀锌层无脱落、开裂；混凝土杆无裂纹、酥松、钢筋外露，焊接处无开裂、锈蚀</td><td rowspan="2"></td></tr>
<tr><td>异常</td><td>B类</td><td>更换杆塔：按组立杆塔作业流程进行；更换耐张杆塔时应两侧加装临时拉线</td></tr>
<tr><td rowspan="3">混凝土杆表面老化、裂缝</td><td>注意</td><td rowspan="3">D类、B类</td><td rowspan="3">(1) 修补裂纹：应根据实际情况采取打套筒（抽水灌混凝土）、加装抱箍等补强、加固措施或更换处理。
(2) 更换杆塔：按组立杆塔作业流程进行；更换耐张杆塔时应两侧加装临时拉线</td><td rowspan="3">(1) 不应有纵向裂纹，横向裂纹的宽度不超过 0.2mm，长度不应超过周长的 1/3。
(2) 钢筋混凝土电杆杆身弯曲不超过杆长的 1/1000。
(3) 钢管杆整根及各段的弯曲度不超过其长度的 2/1000</td><td rowspan="3"></td></tr>
<tr><td>异常</td></tr>
<tr><td>严重</td></tr>
<tr><td>紧固件及防盗装置异常</td><td>注意</td><td>D类</td><td>更换紧固件及防盗装置：
1) 更换、补加的杆塔部件不得低于设计值。
2) 螺栓紧固扭矩应符合相关设计的要求。
3) 检修后杆塔的防盗、防松措施不得低于原标准</td><td>紧固件及防盗装置无异常</td><td></td></tr>
<tr><td rowspan="3">杆塔基础异常（沉降）</td><td>注意</td><td rowspan="3">D类</td><td rowspan="3">基础加固，对发生沉降的基础进行混凝土补强或回填土夯实：
1) 装配式基础、洪水冲刷严重的基础需要加固（或防腐）时，应事先打好杆塔临时拉线。
2) 修补、补强基础时，混凝土中严禁掺入氯盐，不同品种的水泥不应在同一个基础腿中同时使用</td><td rowspan="3">基础无异常</td><td rowspan="3"></td></tr>
<tr><td>异常</td></tr>
<tr><td>严重</td></tr>
</table>

续表

缺陷	状态	检修类别	检修内容	技术要求	备注
弱电线路（通信、有线等）未经批准后搭挂	注意	D类	拆除未经批准搭挂弱电线路： 1）拆除时禁止带张力剪断弱电线路，以防止拆除线路反弹至电力线路或引起张力不平衡。 2）必要时做临时拉线，防止出现张力不平衡	无未经批准搭挂的弱电线路	
	异常				
	严重				

2）注意、异常、严重状态下导线部件的检修类别、检修内容、技术要求，见表4－10。

表4－10　注意、异常、严重状态的导线部件检修表

缺陷	状态	检修类别	检修内容	技术要求	备注
导线受损	注意	E类、B类	（1）压接或修补损伤导线： 1）导线打磨处理线伤：将损伤处棱角与毛刺用0号砂纸磨光。 2）单丝缠绕处理导地线损伤：将受伤处线股处理平整。导线缠绕材料应与被修理导线的材质相适应，缠绕紧密，并将受伤部分全部覆盖，距损伤部位边缘单边长度不得小于50mm。 3）预绞丝处理导线损伤：将受伤处线股处理平整；预绞丝长度不得小于3个节距，并符合《预绞丝》（GB 2337—1985）的规定；补修预绞丝应与导线接触紧密，其中心应位于损伤最严重处，并应将损伤部位全部覆盖。 4）补修管修补导线损伤：将损伤处的线股恢复原绞制状态。补修管应完全覆盖损伤部位，其中心位于损伤最严重处，两端应超出损伤部位边缘20mm以上。补修管可采用液压或爆压。其操作必须符合《输变电工程架空导线及地线液压压接工艺规程》（DL/T 5285—2013）的规定。 5）绝缘导线绝缘层轻微破损时采用绝缘包带进行缠绕。 （2）更换损伤导线：导线在同一处损伤符合下述情况之一时，必须切断重接： 1）导线损伤的截面积超过采用补修管补修范围的规定时。 2）连续损伤的截面积没有超过补修管补修的规定，但其损伤长度已超过补修管的补修范围。 3）金钩、破股使钢芯或内层铝股形成无法修复的永久变形。 4）绝缘层破损长度超过规定数值	各类导线修补后应达到以下要求： 1）电气性能：应满足被修补的原型号导线通流容量的要求，即导线修补处的温升不大于其余完好部位导线温升。 2）机械特性：导线经修补后，其拉断力不应小于原型号导线计算拉断力（CUTS）的95%	包含导线断股、散股、绝缘破损： 1）切割导线铝股时严禁伤及钢芯；导线的连接部分不得有线股绞制不良、断股、缺股等缺陷。 2）连接后管口附近不得有明显的松股现象。 3）采用钳接或液压连接导线时，应使用导电脂
	异常				
	严重				

续表

缺陷	状态	检修类别	检修内容	技术要求	备注
导线锈蚀	严重	B类	停电更换：对锈蚀严重的导线进行更换	导线无明显腐蚀现象	
导线弧垂异常	异常	E类、C类	(1) 不停电调整： 1）带电接引流线法调整导线弧垂时：应申请停用作业线路重合闸。 2）作业前应断开负荷。 3）断、接引流线扎线时，注意扎线头不能太长（小于0.1m），做到边拆边收扎线。 (2) 停电调整架空导线的弧垂：可采用加装或调整导线、引流线、加挂U型环、碟型挂板方式调整导线弧垂。 1）作业人员登上附近的耐张杆，挂好紧线器和滑轮。 2）将卡线器夹在在导线上，将牵引绳通过滑轮与卡线器连接，另一头固定在地锚上，以防导线脱落。 3）用紧线器收紧（放松）导线，拆开耐张线夹卡线螺丝，使导线松动，用紧线器配合地面牵引绳，或松或紧，使导线弧垂达到理想状态	三相弧垂检查，弧垂误差不超过设计值的±5%	进行导线更换或调整弧垂时，应进行应力计算，并根据导线型号、牵引张力正确选用工器具和设备
	严重				
导线上有异物	注意	E类、C类	1）绝缘斗臂车带电清除异物。 2）绝缘操作杆带电清除异物。 3）停电清除异物	导线上无异物	
	异常				
	严重				
导线电气距离、交跨、安全距离不足	严重	E类、C类	1）不停电作业：调整导线弧垂或跳线，提高电气距离；不停电消除安全距离不足的树木或其他构筑物。 2）停电作业：调整导线弧垂或跳线，提高电气距离；消除安全距离不足的树木或其他构筑物。 3）换杆或提升横担以提高导线架设高度	引用配电网运维规程	

续表

缺陷	状态	检修类别	检修内容	技术要求	备注
接头温度异常	注意	E类、C类、B类	(1) 消缺：打开导线跳线处的连接线夹，检查电气连接处的接触情况，清除氧化物，涂抹专用电力复合脂（导电膏），保证导线接触紧密，连接可靠。 (2) 更换线夹：更换为匹配的连接线夹。 (3) 带电接引流线法更换线夹： 1) 申请停用作业线路重合闸。 2) 作业前应断开负荷。 3) 断、接引流线扎线时，注意扎线头不能太长（小于0.1m），做到边拆边收扎线	(1) 相间温度差小于10K。 (2) 接头温度小于75℃	耐张线夹、并沟线夹、穿刺线夹等
	异常				
	严重				
导线重载或过载	注意	B类、E类	(1) 更换导线：更换截面过小的导线，提高线路输送容量。 (2) 切改负荷：合理切改负荷，减低线路负载率	导线负载率不宜超过70%额定负载	
	异常				
	严重				

3）注意、异常、严重状态下绝缘子部件的检修类别、检修内容、技术要求，见表4-11。

表4-11　注意、异常、严重状态的绝缘子部件检修表

缺陷	状态	检修类别	检修内容	技术要求	备注
绝缘子釉面脱漏（破损）	注意	E类、B类	(1) 停电更换绝缘子：见“绝缘子污秽、闪络处理方式”。 (2) 不停电更换绝缘子：见“绝缘子污秽、闪络处理方式”	无裂缝，釉面剥落面积不应大于$100mm^2$	
	异常				
	严重				
绝缘子松动	注意	E类、B类	(1) 不停电紧固绝缘子：采用斗臂车绝缘手套法，紧固绝缘子底座螺栓或加装垫片。 (2) 停电更换绝缘子：对绝缘子底部破损导致松动的绝缘子进行更换	绝缘子安装牢固、无歪斜	
	异常				
	严重				

续表

缺陷	状态	检修类别	检修内容	技术要求	备注
绝缘子污秽、闪络	注意	E类、C类、B类	(1) 清扫绝缘子：瓷质（玻璃）绝缘子停电擦拭应逐片进行，对有污秽严重的绝缘子应使用清洗剂进行擦拭。 (2) 停电更换绝缘子： 1) 更换绝缘子片（串）前，应做好防止导线脱落的保护措施：做好导线的后备保护，将导线后备保护绳安装在合适位置。 2) 使用紧线器收紧导线，使其受一定的张力，此时全面检查各连接部位的受力情况，防止出现受力不均衡情况。 3) 继续收紧紧线器，使绝缘子松弛，适当调整绝缘子后备保护绳，将绝缘子串张力完全转移至紧线器上。 4) 拆除绝缘子连接金具，更换绝缘子串，并重新安装绝缘子连接金具。 5) 检查绝缘子安装位置，绝缘子串钢帽、绝缘体、钢脚应在同一轴线上，销子齐全完好、开口方向与原线路一致。 6) 复合绝缘子更换时，应用软质绳索吊装，严禁踩踏、挤压。 (3) 不停电更换绝缘子：采用斗臂车绝缘手套法不停电电更换绝缘子： 1) 按照从近到远、从大到小、从低到高的原则，分别对在作业范围内的所有带电部件进行遮蔽。若是更换中相绝缘子，则三相带电体均必须完全遮蔽。 2) 悬式绝缘子更换时应在遮蔽完成后用紧线器或滑车组更换绝缘子	绝缘子外观应清洁、无污秽、闪络现象。新更换的绝缘子应完好无损、表面清洁，瓷绝缘子的绝缘电阻宜用5000V绝缘电阻表进行测量，电阻值应大于500MΩ	
	异常				
	严重				

4）注意、异常、严重状态下铁件和金具部件的检修类别、检修内容、技术要求见表4-12。

表 4-12　　注意、异常、严重状态的铁件和金具部件检修表

缺陷	状态	检修类别	检修内容	技术要求	备注
电气连接点温度异常	注意	E类、C类、B类	(1) 消缺：打开导线跳线处的连接线夹，检查电气连接处的接触情况，清除氧化物，涂抹专用电力复合脂（导电膏），保证导线接触紧密，连接可靠。 (2) 更换线夹：更换为匹配的连接线夹。 (3) 带电接引流线法更换线夹： 1) 申请停用作业线路重合闸。 2) 作业前应断开负荷。 3) 断、接引流线扎线时，注意扎线头不能太长（小于 0.1m），做到边拆边收扎线	1) 相间温度差小于 10K。 2) 接头温度小于 75℃	
	异常				
	严重				
铁件和金具锈蚀	注意	E类、B类	(1) 防腐处理：打开金具，清除表面污秽，用砂纸除锈，涂刷防腐漆，并严格按照“除锈、底漆、面漆”的工艺程序。 (2) 更换锈蚀严重的铁件、金具： 1) 球头、碗头及弹簧销子更换后，应检查并确认其相互配合可靠、完好。 2) 各种金具的螺栓、穿钉及弹簧销子等穿向应符合规范要求	铁件和金具锈蚀时不应起皮和严重麻点，锈蚀面积不应超过 1/2	
	异常				
	严重				
安装欠牢固、可靠	注意	E类、C类、B类	(1) 紧固螺栓：用扭力扳手紧固螺栓或加装弹簧垫片。 (2) 更换：依据实际情况，对安装松动严重的铁件、金具进行更换	铁件、金具等安装应牢固、可靠，无歪斜	
	异常				
	严重				
倾斜变形	注意	E类、C类、B类	(1) 不停电调整：对电缆抱箍、塔材等无须停电的直接紧固或调整。 (2) 采用带电作业修正、紧固横担。 (3) 停电更换：对变形严重的横担、线夹等采用停电更换	横担、塔材等上下倾斜、左右偏歪不应大于横担长度的 2%；无明显变形	
	异常				
	严重				

5）注意、异常、严重状态下拉线部件的检修类别、检修内容、技术要求，见表 4-13。

表 4-13 注意、异常、严重状态的拉线部件检修表

<table>
<tr><th>缺陷</th><th>状态</th><th>检修类别</th><th>检修内容</th><th>技术要求</th><th>备注</th></tr>
<tr><td rowspan="2">锈蚀、断股</td><td>异常</td><td rowspan="2">E类、B类</td><td rowspan="2">（1）除锈：清除表面污秽，用砂纸除锈，涂刷防腐漆。
（2）修补：对拉线断股未超过修补范围时应采取缠绕方法补修。
（3）不停电更换拉线：
1）吊上临时拉线，杆上作业人员用U型环将其固定在需要更换的拉线上把附近牢固的构件处。
2）地面作业人员将链条葫芦（或双钩紧线器）挂在与待换拉线相连接的拉棒环上。
3）将临时拉线下端回头用钢线卡紧固后，挂上链条葫芦（或双钩紧线器），收紧临时拉线，把下端回头用钢线卡重新紧固。
4）地面作业人员用链条葫芦（或双钩紧线器）收紧需要更换的拉线，拆开下把，然后由杆上作业人员拆开上把，吊下需要更换的拉线。
5）地面作业人员将做好的新拉线上把吊给杆上作业人员。
6）杆上作业人员挂好上把，地面作业人员用链条葫芦（或双钩紧线器）收紧新拉线，校杆后制作下把，绑扎拉线回头。
（4）停电更换拉线：作业方式与以上相同</td><td rowspan="2">（1）拉线无锈蚀。
（2）更换后拉线的机械强度不得低于原设计标准</td><td rowspan="2">（1）杆塔拉线更换时必须事先打好可靠临时拉线、严禁利用临时拉线、非标准拉线代替永久拉线。
（2）杆塔上有人工作时，严禁调整拉线</td></tr>
<tr><td>严重</td></tr>
<tr><td rowspan="3">埋深不足</td><td>注意</td><td rowspan="3">D类</td><td rowspan="3">（1）采用回填土方式加固基础：采用夯土回填方式，回填土每升高500mm，夯实1次，回填土高出地面300mm。
（2）重新埋设拉线盘</td><td rowspan="3">符合设计要求</td><td rowspan="3"></td></tr>
<tr><td>异常</td></tr>
<tr><td>严重</td></tr>
<tr><td rowspan="3">道路边的拉线防护装置异常</td><td>注意</td><td rowspan="3">D类</td><td rowspan="3">不停电加装拉线防护装置</td><td rowspan="3">道路边的拉线设防护装置齐全、无异常</td><td rowspan="3"></td></tr>
<tr><td>异常</td></tr>
<tr><td>严重</td></tr>
<tr><td>拉线绝缘子缺失或损坏</td><td>严重</td><td>B类</td><td>停电安装或更换拉线绝缘子</td><td>符合设计要求</td><td></td></tr>
</table>

续表

缺陷	状态	检修类别	检修内容	技术要求	备注
松弛或过紧	注意	D类	(1) 调整拉线下把螺栓，直接调整拉线下把UT型线夹螺栓。 (2) 更换拉线下把： 1) 用钢线卡紧固拉线后，挂上链条葫芦（或双钩紧线器），链条葫芦（或双钩紧线器）另一端与拉线棒连接。 2) 用链条葫芦（或双钩紧线器）收紧需要更换的拉线，更换拉线下把	拉线弛度正常	
	异常				
	严重				

6）注意、异常、严重状态下通道的检修类别、检修内容、技术要求，见表4－14。

表4－14　　注意、异常、严重状态的通道检修表

缺陷	状态	检修类别	检修内容	技术要求	备注
线路通道保护区内有违章建筑、堆积物等	注意	E、B类	(1) 满足安全作业要求的，可采用带电砍树、消除堆积物等。 (2) 停电改造：对不满足安全作业要求的，可依据现场情况进行改造	线路通道保护区内无违章建筑、堆积物等	
	异常				
	严重				

7）注意、异常、严重状态下接地装置部件的检修类别、检修内容、技术要求见表4－15。

表4－15　　注意、异常、严重状态的接地装置部件检修

缺陷	状态	检修类别	检修内容	技术要求	备注
接地体连接不良，埋深不足	注意	D类	(1) 修补接地体连接部位及接地引下线。 (2) 增加接地埋深：开挖接地后重新敷设接地体	接地体连接正常，埋深满足设计要求	
	异常				
	严重				
接地电阻异常	异常	D类	增加接地体埋设：敷设新的接地体应与原接地体连接	符合设计要求	

8）注意、异常、严重状态下标识、附件的检修类别、检修内容、技术要求见表4－16。

表 4-16　　注意、异常、严重状态的标识、附件检修表

缺陷	状态	检修类别	检修内容	技术要求	备注
设备标识和警示标识不全，模糊、错误	注意	D类	不停电更换：设备标识和警示标识应依据要求及规定位置挂设	设备标识和警示标识齐全、清晰、无误	
	异常				
	严重				
防鸟器、防雷金具、故障指示器等安装不当	注意	E类	不停电更换：对破损的防鸟器、损坏的防雷金具、破损失效的故障指示器进行更换	防鸟器、防雷金具、故障指示器等正常	
	异常				

第5章 架空线路反事故技术措施及要求

5.1 架空线路反事故技术措施

反事故技术措施是指对生产过程中发生的事故所采取的技术性防范措施，对于架空线路运行检修而言，主要为防止人身触电事故、防止高处坠落事故、防止倒杆和断线事故、防止自然灾害事故、防止外力破坏事故、防止电气误操作事故、防止接地网和过电压事故发生的技术措施。

5.1.1 防止人身触电事故

（1）认真落实安全生产各项组织措施和技术措施，配备充足的、经国家认证认可的质检机构检测合格的安全工器具和防护用品，并按照有关标准、规程要求定期检验，保障安全工器具和防护用品的绝缘性能和机械性能满足要求，禁止使用不合格的工器具和防护用品，提高作业安全保障水平。

（2）巡视中发现高压配电线路、设备接地或高压导线断落地面、悬挂空中时，室外人员应距离故障点至少8m；并迅速报告调度控制中心和上级，等候处理，同时做好防止人员接近接地或断线地点的措施。

（3）停电作业前，应检查并确认已采取多电源和有自备电源及分布式（光伏等）电源等用户防止反送电的强制性技术措施。对同杆（塔）架设的多层电力线路验电时，应注意验电操作顺序，禁止作业人员越过未经验电、接地的线路对上层、远侧线路验电。与带电线路平行、邻近或交叉跨越的线路停电检修时，经核对停电检修线路的名称、杆号无误，验明线路确已停电并挂好地线后，工作负责人方可宣布开始工作；作业人员登杆塔前应核对停电检修线路的名称、杆号无误，并设专人监护。作业人员登杆塔前核对停电检修线路的名称和杆号如图5-1所示。

图5-1 作业人员登杆塔前核对停电检修线路的名称和杆号

5.1.2 防止高处坠落事故

（1）对于高空作业，应做好各个环节风险分析与预控，特别是防静电感应和高空坠落的安全措施。高处作业，应安全可靠地传递材料、工器具，工作地点下面应采取防护隔离措施，作业点垂直下方禁止人员活动，严防高空坠物打击伤人事故。

（2）杆上作业，登杆前应检查登高工具、设施、防坠装置等完整牢靠，核对线路名称和杆号，并检查杆根、基础、拉线的情况。攀登有覆冰、积雪、积霜、雨水的杆塔时，应采取防滑措施。确定需在不牢固的杆塔上作业时，应采取培土加固、打临时拉线或支好架杆等有效的防倒杆措施后方能登杆作业。为避免发生高处坠落造成人身伤害，作业人员在上下杆塔、高处作业及转位过程中始终应有可靠的防坠措施，任何情况下不得失去安全保护，并积极推广使用“双环、升降板、防坠围杆带”等防高坠技术措施。作业人员在杆上作业始终有安全带保护如图 5-2 所示。

图 5-2 作业人员在杆上作业始终有安全带保护

（3）在 6 级及以上的大风以及暴雨、雷电、冰雹、大雾、沙尘暴等恶劣天气下，应停止露天高处作业。特殊情况下，确定需在恶劣天气进行抢修时，应制订相应的安全措施，经单位批准后方可进行。

5.1.3 防止倒杆和断线事故

（1）加强与设计、基建及运行单位的沟通，充分听取运行单位的意见。条件许可时，运行单位应从设计阶段介入工程。设计时要重视已取得的运行经验，并充分考虑特殊地形、气象条件的影响。尽量避开可能引起导线严重覆冰的特殊地区。合理选取杆（塔）型、杆塔强度，对易覆冰、风口、高差大的地段，应缩短耐张段长度。新建线路的设计，线路应尽可能避开矿场采空区等可能引起杆塔倾斜、沉陷的地区。在重要跨越处，如跨越防汛专用通信线、铁路、高速公路、一级公路、通航河流以及人口密集地区，应加强杆塔强度。

（2）对可能遭受洪水和暴雨冲刷的山区、河道等处的杆塔，应及时落实可靠的防护措施，对杆塔基础进行加固或加装基础护墩。同时，应严格按照有关规定进行线路巡视，在每年的5—9月雨季期间，还应增加冲刷区巡视检查次数，并在洪水、暴雨冲刷过后，及时对冲刷区杆塔基础进行检查。大负荷期间应增加夜巡，并积极开展红外测温工作10kV导线接头红外测温（图5-3），以有效检测接续金具（例如：引线连接处、耐张线夹等）的连接状况，防止导线接头发热引起断线。

图5-3 10kV导线接头红外测温

（3）当线路位于城区或跨越公路、车辆通行的道路及易引起误碰线事故的区域时，应设置限高警示标志（图5-4），运行中发现警示标志丢失、损坏后，应及时补加。对易受

图5-4 10kV线路下方设置限高警示标志

碰撞的杆塔及拉线周围应埋设护桩，护桩应牢固可靠。

（4）加强杆塔连接法环、金具、拉线等设备腐蚀的观测。对于运行年限较长、出现腐蚀严重、强度下降严重的，积极开展防腐处理，必要时进行更换。运行年久或投运时间超过 30 年的线路要重点检查混凝土杆裂纹以及连接金具、拉线、拉线棒等部位的腐蚀和磨损情况，发现问题及时采取措施。

（5）在冬季温度降低时，应对垂直挡距较小的杆塔及孤立挡、变电所进出线的导线弛度进行重点检查；在夏季温度升高时，应对挡距较大及有交叉跨越的导线弛度进行重点检查。发现问题应及时处理。

（6）各单位应储备一定数量的备品、备件，同时成立事故抢修小组。为保证事故抢修的顺利进行，电杆等大型抢修设备材料应实行区域储备。

5.1.4 防止自然灾害事故

1. 防止冰雪事故

（1）重冰区应加强覆冰的观测，以及气象环境资料的调研收集，掌握线路通道覆冰资料，为预防和治理线路冰害提供依据。在条件允许的情况下建议配置覆冰监测装置。

（2）覆冰季节前应对重冰区开展线路特巡，落实除冰、融冰准备措施，对存在的隐患、缺陷及时处理。线路覆冰后，应根据覆冰厚度和天气情况，在覆冰厚度超过设计值的60%时应预警，并启动融（除）冰措施。融（除）冰时对融冰线路下方可能有人员通过的地段应采取必要的安全措施，防止脱冰伤人。线路融（除）冰后应对重覆冰线路段进行特巡，排除脱冰跳跃、线路过热等可能导致的线路损伤。

（3）对于极寒冻害区域的杆塔，宜采取基础加固、冻土迁移等措施，防止杆塔出现倾斜或上拔。积雪照片如图 5-5 所示。

图 5-5　10kV 线路积雪照片

2. 防止强风灾害事故

（1）应开展电力设施保护宣传工作，做好线路保护及群众护线工作，健全防异物短路隐患排查工作机制。根据异物短路季节性、区域性特点，应适当适时缩短线路巡视周期，对线路通道、周边环境、沿线交跨、施工作业等情况进行检查，及时发现和掌握线路通道环境的动态变化情况。

（2）依据风区图合理划分线路特殊区段，建立特殊区域的台账，检查导线对杆塔及拉线、导线相间、导线对廊道内树木及其他交叉跨越物等安全距离是否符合运行规程要求。大风天气来临前，开展线路保护区及附近易被风卷起的广告条幅、树木断枝、广告牌宣传纸、塑料大棚、泡沫废料、彩钢瓦结构屋顶等易漂浮物隐患排查，督促户主或业主进行加固或拆除。

（3）运维单位在巡视发现线路电力设施保护区内的隐患时，应记录隐患的详细信息，并及时消除。如隐患系其他单位或个人引起，应向其告知电力设施保护条例和电力法的有关规定，派发隐患通知单，并保留影像资料，督促其及时将隐患消除。如遇到阻拦时，应及时将隐患报上级部门，向政府相关单位报备，积极与政府相关部门联动消除隐患，在隐患消除前，同时应加强现场监护。

3. 防止雷击灾害事故

（1）应根据雷击跳闸记录认真总结、分析，合理划分易击区，要认真分析各种防雷措施的效果，找出适合具体线路、具体地段、具体杆塔的最佳防雷措施，防雷效果不明显的，要认真分析原因，重新考虑其他措施。

（2）安装线路避雷器则是一个经济、简单、有效的措施。变电所 10kV 出线端装设金属氧化物避雷器、在线路较长易受雷击的线路上装设金属氧化物避雷器或防雷金具。提高绝缘子的耐雷水平，特别是针式绝缘子的耐雷水平。提高绝缘子的耐雷水平有助于提高线路的防雷能力。架空绝缘导线的防雷措施完备，可以采取防雷绝缘子、防雷金具等措施进行防雷。氧化锌避雷器、防雷柱式绝缘子、防雷金具照片，如图 5－6 所示。

（a）氧化锌避雷器

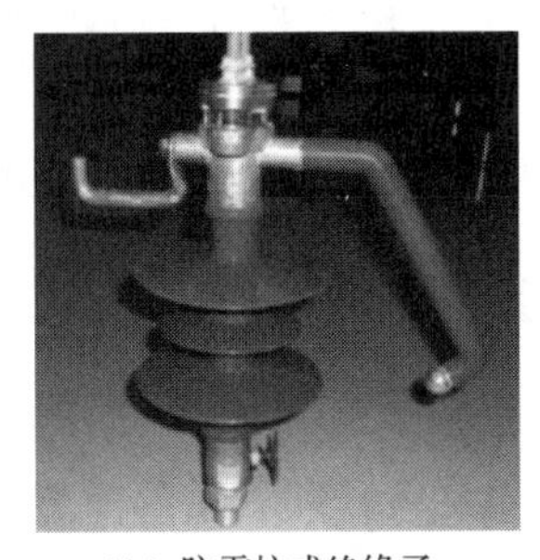
（b）防雷柱式绝缘子

（c）防雷金具

图 5－6　氧化锌避雷器、防雷柱式绝缘子、防雷金具照片

（3）定期检查多雷区线路杆塔接地引下线的连接和锈蚀情况及防雷设施运行情况，发现损坏及时更换，按规程要求对接地线进行开挖检查。定期测量杆塔及设备接地电阻，不合格的及时整改。

4. 防止水淹灾害事故

（1）建立、健全防汛组织机构，强化防汛工作责任制，明确防汛目标和防汛重点。对于易发生暴雨洪涝灾害的地区，运行维护单位应与气象部门合作，做好历史水文、地质等气象灾害分布数据收集工作，并密切关注地域降雨量、河流水位变化情况，做好洪涝灾害故障多发区运维管理工作。汛前备足必要的防洪抢险器材、物资，并对其进行检查、检验和试验，确保器材和物资的状态良好。确保有足够的防汛资金保障，并建立保管、更新、使用等专项使用制度。

（2）加强洪涝冲刷区域线路巡视工作，在灾害天气来临前应组织特巡，及时了解线路运行情况，注意杆塔基础有无损坏、开裂、沉降，防洪措施有无损坏、坍塌，关注杆塔及拉线有无水淹、水冲可能，及时开展消缺和检修工作。

5. 防止地质灾害事故

（1）在配电线路现有台账的基础上，标明地质灾害易发区的线路，并增加地质灾害范围、类型、易发等级和地质变化情况等信息。地质灾害易发区域可视情况采用在线监测或定期检测手段，密切监视杆塔周围特殊地质行为（裂缝、沉降、滑坡等）及微气象（大风、暴雨等)，对监测数据变化较大及可能影响电力设备安全运行的情况须及时分析、上报，并采取措施。运行维护单位应结合本单位实际制定地质灾害易发区事故预案，并在物资、人员上予以落实；按照分级储备、集中使用的原则，储备一定数量的配电设备、杆塔及预制式基础。

（2）在灾害频发的月份，对地质灾害易发区线路应缩短巡视周期；在连续降雨或发生暴雨后，应开展特殊巡视，及时掌握杆塔的倾斜、基础沉降、导线弧垂变化等情况，发现杆塔基础周围有地表裂缝、地面变形和危险体边缘裂缝时，应与设计单位共同进行现场勘查，确定方案并及时处理。应在地质灾害区域的杆塔附近的公路、铁路、水利、市政施工现场及民房等可能由于开挖取土引起杆基失稳的杆段设立“禁止取土”的警示牌或采取其他有效措施，防止杆基破坏。对于易发生崩塌、滑坡、泥石流等区域的杆塔，应采取加固基础、修筑挡土墙（桩）、截（排）水沟、改造上下边坡等措施，必要时改迁路径。

6. 防止环境腐蚀事故

（1）参考《色漆和清漆防护漆体系对钢结构的防腐蚀保护　第 2 部分：环境分类》(ISO 12944－2—1998）标准，大气环境的腐蚀性级别分为以下 6 类，C_1 非常低，C_2 低，C_3 中等，C_4 高，C_{5-1} 很高（工业），C_{5-M} 很高（海洋）。杆塔所在区域的腐蚀等级不高于 C_3 时，巡视周期市区一个月巡视一次，郊区及农村一个季度巡视一次；高于 C_3 时，应结合设备实际状况安排特巡，如发现设备腐蚀严重应缩短巡视周期；在特殊污染区域，应对设备进行有效监控。

（2）C_1～C_4 腐蚀环境铁塔宜在重腐蚀等级及以前进行防腐涂装，C_5 腐蚀环境下宜在中腐蚀等级及以下进行防腐涂装。杆塔钢构件厚度（直径）腐蚀减薄至原规格 80％及以下，或表面腐蚀坑深度超过 2mm，或者出现锈蚀穿孔、边缘缺口，应及时进行更换或加固处理。横担与金具锈蚀表面积超过 1/2，混凝土杆有铁锈水，保护层钢筋外露，焊接杆焊接处锈蚀应进行防腐处理，螺栓、开口销及弹簧销锈蚀等应及时更换。

（3）腐蚀等级为 C_4、C_5 时，架空地线宜采用铝包钢绞线；拉线宜采用铝包钢绞线，拉棒直径应大于18mm或采用其他有效防腐措施。

7. 防止配电设备污闪事故

（1）外绝缘配置不满足污区分布图要求及防覆冰（雪）闪络、大（暴）雨闪络要求的配电设备应予以改造，C级及以上污区的防污闪改造应优先采用硅橡胶类防污闪产品，并充分考虑环境、气象变化因素，包括在建或计划建设的潜在污源，极端气候条件下连续无降水日的大幅度延长等。应避免局部防污闪漏洞或防污闪死角，如多种外绝缘配置线路的薄弱区段、相同外绝缘配置线路污秽严重区段、受条件限制未采取防污闪措施的局部地区等。现场污秽分级见表5-1。

表5-1　现场污秽度分级

现场污秽度	典型环境描述
非常轻（a^2）	很少人类活动，植被覆盖好，且距海、沙漠或开阔地大于50km；距大中城市30～50km；距上述污染源更短距离内，但污染源不在积污期主导风上
轻（b）	人口密度500～1000人/km^2的农业耕作区，且距海、沙漠或开阔地10～50km；距大中城市15～50km；重要交通干线沿线1km内；距上述污染源更短距离内，但污染源不在积污期主导风上；工业废气排放强度小于每年1000万m^3/km^2（标况下）；积污期干旱少雾少凝露的内陆盐碱（含盐量小于0.3%）地区
中等（c）	人口密度1000～10000人/km^2的农业耕作区，且距海、沙漠或开阔地3～10km；距大中城市15～20km；重要交通干线沿线0.5km及一般交通线0.1km内；距上述污染源更短距离内，但污染源不在积污期主导风上；包括乡镇工业在内工业废气排放强度每年1000万～3000万m^3/km^2（标况下）。 退海轻盐碱和内陆中等盐碱（含盐量0.3%～0.6%）地区。 距上述E_3污染源更远（距离在b级污区的范围内），但长时间（几个星期或几个月）干旱无雨后，常常发生雾或毛毛雨；积污期后期可能出现持续大雾或融冰雪地区；灰密为等值盐密5～10倍及以上的地区
重（d）	人口密度大于10000人/km^2的居民区和交通枢纽，且距海、沙漠或开阔干地3km内；距独立化工及燃煤工业源0.5～2km；重盐碱（含盐量0.6%～1.0%）地区。 距比E_5上述污染源更长的距离（与C级污区对应的距离），但在长时间干旱无雨后，常常发生雾或毛毛雨；积污期后期可能出现持续大雾或融冰雪地区；灰密为等值盐密5～10倍以上的地区
非常重（e）	沿海1km和含盐量大于1.0%的盐土、沙漠地区，在化工、燃煤工业源内及距此类独立工业园0.5km，距污染源的距离等同于d级污区，且直接受到海水喷溅或浓盐雾；同时受到工业排放物如高电导废气、水泥等污染和水汽湿润

注　1. 台风影响可能使距海岸50km以外的更远距离处测得较高的等值盐密值。

2. 在当前大气环境条件下，我国中东部地区电网不宜设“非常轻”污秽区。

3. 取决于沿海的地形和风力。

（2）清扫作为辅助性防污闪措施，可用于暂不满足防污闪配置要求的配电设备及污染特殊严重区域的配电设备，出现快速积污、长期干旱导致绝缘子的现场污秽度可能达到或超过设计标准时，应采取必要的清扫措施。重点关注粉尘严重区域的在运钟罩型、深棱型等自洁性能较差绝缘子的积污情况，必要时应予以更换。

（3）绝缘子表面涂覆“防污闪涂料”可作为防止配电设备污闪的辅助性措施。加强防污闪涂料施工和验收环节管理，防污闪涂料宜采用喷涂施工工艺，RTV涂料应涂敷2遍及以上，RTV涂层厚度不小于0.3mm。对运行时间3年以上的RTV涂层要进行抽查，RTV涂层失效（严重粉化、龟裂、起皮、脱落等）应予重涂。

（4）C级及以上污区配电线路巡视周期不超过1个月。发生雾、霾、雨、雪等可能发生污闪故障的恶劣天气时，加强c级及以上污区配电设备特巡和夜巡，夜间巡视时应注意瓷件无异常爬电现象。重负荷和d级及以上污区线路每年至少进行一次夜间巡视，对出现异常放电、发热等情况的外绝缘设备应及时采取防污闪措施。

5.1.5 防止外力破坏事故

（1）把线路运行环境的监督检查作为重要的维护工作之一，线路运行人员要及时掌握沿线的建筑、公路、铁路、桥梁、开挖等施工作业情况，建立动态台账，实施动态管理。大力宣传《中华人民共和国电力法》《电力设施保护条例》和《电力设施保护条例实施细则》等有关法律、法规，加强护线宣传，广泛发动群众，开展群众性的护线活动。鼓励广大群众检举盗窃电力设施行为，及时报告电力设施丢失、线路异常等情况。建立必要的护线组织，减少外力破坏。对于违反《中华人民共和国电力法》《电力设施保护条例》的施工作业等行为，发现以后及时下发《违反〈电力设施保护条例〉隐患告知书》，必要时与有关执法部门配合，共同解决。

图5-7　10kV线路电杆杆根被车辆撞击照片

（2）及时清理线路保护区内各类障碍物、堆积物，保证与线路的安全距离。加强线路防护区内树木（包括毛竹等）的巡视检查，对最大计算风偏或最大计算弧垂情况下不满足安全距离的树木（包括毛竹等）或倒树距离不足的树木必须及时砍伐、修剪，避免发生树害事故，针对线路保护区内的违章建筑应与业主进行解释、劝阻、下发隐患告知书，并抄送地方政府安全部门备案，以明确责任。在人口密集区及线路密集区的杆塔上悬挂、涂刷警示标志，在拉线上加套反光标志管，以引起车辆驾驶员的注意，必要时须设置防撞混凝土墩，并刷上反光漆。在易盗区的拉线UT线夹要全部安装防盗帽，发现杆塔设施丢失后要及时补加，并及时向当地公安部门报案，配合公安部门严厉打击破坏分子。充分利用新闻媒体发布公告、开辟专栏、制作专题节目进行宣讲等，否则就如图5-7所示。

（3）熟悉线路周边环境，发现倾向性变

化应及时采取措施。积极与当地政府配合，制止线路下方及防护区的开山炸石爆破等行为。近年来，市政道路建设对配电线路造成的外力跳闸较多，应引起各运行单位的高度重视，一定要加强道路施工的全过程管理，采取多种手段，力求减少外力破坏，保证配电线路的安全运行，否则如图 5-8 所示。

图 5-8　道路施工挖机操作不当引起 10kV 线路单相接地照片

（4）加强配电线路“三线”搭挂管理，尽量避免三线搭挂，对于已搭挂线路，确保足够的安全距离，敷设三线的钢绞线需可靠接地，对于敷设“三线”杆塔出现受力不均、汽车挂线等隐患应尽快安排整改，消除隐患。

5.1.6　防止电气误操作事故

（1）严格执行工作票制度和操作票要求，使工作票和操作票执行标准化，管理规范化。配电设备倒闸操作前，应核对线路名称、设备双重名称和状态，以及气体压力监测状况。严格执行调度指令。倒闸操作时，严禁改变操作顺序。当操作发生疑问时，应立即停止操作并向发令人报告，并禁止单人滞留在操作现场，待发令人再次许可后，方可进行操作。不准擅自更改操作票。送电前，检查确认送电范围内接地线已拆除。

（2）加强配电设备及线路图纸资料、铭牌、标识牌等基础资料及标识的日常维护、更新，确保配电线路、设备的系统接线图（包括各种电子接线图）、设备铭牌、双重编号标识应和现场实际相符合。

5.1.7　防止接地网和过电压事故

1. 防止接地网事故

接地网的材质选择应考虑区域实际情况，满足防腐蚀要求。接地网设计须确保热稳定满足校核，宜保留足够热稳定裕度；扩建工程的设计应同时满足新建工程及已投运工程接地装置的热稳定要求。接地网施工应严格按照设计要求进行接地装置的焊接质量必须符合有关规定要求。定期进行接地引下线的导通检测工作，定期检查接地网腐蚀情况。

2. 防止雷电过电压事故

设计阶段应因地制宜开展差异化防雷设计。可通过降低杆塔电阻值来改善杆塔抵御雷电过电压的能力。重视并定期开展避雷线运行维护工作。

5.2 架空线路设备运行、试验及检修人员安全防护细则

5.2.1 架空线路工作的基本要求

(1) 工作前应认真核对杆塔的双重称号与工作票所写的相符，安全措施正确可靠后方可开始工作。

(2) 涉及架空线路设备停电工作时都应经当值运行人员许可。

(3) 架空线路设备的命名牌要与电网系统图、架空线路地理图和架空线路资料的名称一致。

5.2.2 架空线路作业时的安全措施

1. 架空线路施工的安全措施

(1) 立杆必须由有经验的人员负责组织，明确分工；立杆前检查立杆工具是否齐全牢固，参加立杆人员听从统一指挥，各负其责；立杆时，非工作人员一律不准进入工作场地；在房屋附近立杆时，不要碰触屋檐，以免砖、瓦、石块落下伤人，在铁路、公路、厂矿附近及人烟稠密的地区，要有专人维持现场，确保安全。

(2) 立起的电杆未回土夯实前，不准上杆工作。上杆作业前，应首先检查电杆根部是否牢固；如发现危险电杆时，必须用临时拉线或杆叉支稳妥后，才可上杆工作。

(3) 拆除电杆，必须首先拆移杆上导线，再拆除拉线，最后才能拆除电杆。使用吊车立、撤杆时，钢丝套应拴放在电杆的适当位置上，以防“打前沉”，吊车位置应适当，发现下沉或倾斜应采取措施。用吊车拔杆，应先试拔；如有问题，应挖开检查有无横木或卡盘等障碍。

(4) 高空作业必须正确使用安全带并佩戴安全帽，上杆前，应检查杆根、拉线是否完好、牢固，登杆工具是否合格、完整、牢靠；利用脚扣上杆时不准两人同时上下，除个人配备工具外，不准携带任何笨重的材料工具；到达杆顶后，安全带应系在电杆及牢固的构件上，系安全带后检查扣环是否已扣牢，保安带放置位置应距杆梢 50cm 的下面，高空作业转位应有安全带的保护。

(5) 杆上作业时，使用材料应放置稳妥，所用工具应随手装入工具袋内，站在杆上、建筑物上与地面上人员之间不得扔抛工具和材料，杆下要设专人监护，监护人员要认真履行监护职责。使用梯子时放置要平稳，梯子下端有防滑垫，梯上作业时要有专人扶梯。

(6) 杆塔上作业应在良好天气下进行，在工作中遇有 6 级以上大风及雷暴雨、冰雹、大雾、沙尘暴等恶劣天气时，应停止工作。特殊情况下，确需在恶劣天气进行作业时，应组织人员充分讨论必要的安全措施，经建设、监理、施工单位主管生产的领导（总工程师）批准后方可进行。

(7) 在气温低于－10℃时，不宜进行高处作业。确因工作需要进行作业时，作业人员应采取保暖措施，施工场所附近设置临时取暖休息所，并注意防火。高处连续工作时间不

宜超过1h。

(8) 检修更换导、地线时，在未采取使用临时拉线的情况下，严禁把导、地线全部剪断或突然剪断导、地线的做法，以防止发生横担拉歪或杆子倾斜，使用临时拉线不宜过夜，如确需过夜，应对临时拉线采取加固措施。

(9) 放线或撤线、紧线工作段应做好安全围栏，交叉跨越各种线路、铁路、公路、河流等放线或撤线时，应先取得主管部门同意，做好安全措施，如搭好可靠的跨越架、封航、封路、各路口设置安全警示牌，并设专人看守，夜间应加挂警示灯，以防行人或车辆等误入。

(10) 紧线前，应检查导线有无障碍物挂住；紧线时，应检查接线管或接线头以及过滑轮、横担、树枝、房屋等有无卡住现象，人员不得站在或跨在已受力的牵引绳、导线的内角侧和展放的导、地线圈内以及牵引绳或架空线的垂直下方，防止意外跑线时抽伤。绞车等牵引工具应接地，放落和架设过程中的导线亦应接地，以防止产生感应电。

(11) 放线或撤线、紧线时，应采取措施防止导线或架空地线由于摆（跳）动或其他原因而与带电导线接近至危险距离以内。新架线路与另一回带电线路交叉或接近，以致工作时人员和工器具可能和另一回导线接触或接近至表5-2安全距离以内时，则另一回线路也应停电并予接地。如临近或交叉的线路不能停电时，应遵守表5-2的规定。工作中应采取防止损伤另一回线的措施。

表5-2　　临近或交叉其他电力线路工作的安全距离

电压等级/kV	安全距离/m	电压等级/kV	安全距离/m
≤10	1.0	220	4.0
20～35	2.5	330	5.0
66～110	3.0	500	6.0

2. 架空线路测量安全措施

(1) 架空线路测量接地前，应先拆除接地引下线与接地体连接点，拆除时应戴绝缘手套，接地引下线与接地体断开后应立即用临时接地线将其与大地进行短接，以防测量过程中由于架空线路接地故障引发人身触电事故。工作完毕后立即恢复，恢复时也应戴绝缘手套。

(2) 作业地段应设安全围栏，布线时应派专人监护，尤其是有行人和车辆通过的路口，必要时装设安全警示标志，以确保行人和车辆安全。

(3) 测量时，应确保测量线绝缘性能完好，禁止在仪器表面或手潮湿的情况下连接测试线或探棒，在测量接地电阻时，禁止用手直接触碰探棒及接线端，以免造成触电事故。

第6章　接地装置的运行检修

6.1　接地装置的基础知识

6.1.1　接地的意义

在电力系统中，为了工作和安全的需要，常需将电力系统或建筑物电气装置、设施过电压保护装置与大地相连接，这就是接地。按其作用分，可以分为工作接地、保护接地、雷电保护接地和防静电接地。

6.1.2　名词术语

工作接地：在电力系统电气装置中，为运行需要所设的接地（如中性点直接接地或经其他装置接地等）。

保护接地：电气装置的金属外壳、配电装置的构架和线路杆塔等，由于绝缘损坏有可能带电，为防止其危及人身和设备的安全而设的接地。

雷电保护接地：为雷电保护装置（避雷针、避雷线和避雷器）向大地泄放雷电流而设的接地。

防静电接地：为防止静电对易燃油、天然气储罐和管道等的危险作用而设的接地。

接地体（极）：埋入地中并直接与大地接触的金属导体。可利用作为接地用的直接与大地接触的各种金属构件、金属井管、钢筋混凝土建筑的基础、金属管道和设备等，称为自然接地体。

接地线：电气设备、设施的接地端子与接地极连接用的金属导体，也称为接地引下线。

接地装置：接地线和接地体（极）的总和。

集中接地装置：为加强对雷电流的散流作用，降低地面电位梯度而敷设的附加接地装置，如在避雷针附近装设的垂直接地体。

接地电阻：接地极或自然接地极的对地电阻和接地线电阻的总和。接地电阻的数值等于接地装置对地电压与通过接地极流入地中电流的比值。按通过接地极流入地中工频交流电流求得的电阻，称为工频接地电阻。

6.1.3　接地装置运行的一般要求

接地装置应充分利用自然接地体并校核其热稳定，电网发生接地故障时，流经接地装置的入地短路电流所造成的地电位升高，不应危及人员安全或引起设备损坏。

电力系统电气装置和设施的下列金属部分应接地运行：

(1) 电机、变压器、电器、携带式或移动式用电器具等的金属底座和外壳。

(2) 电气设备的传动装置。

(3) 屋内外配变装置的金属或钢筋混凝土构架以及靠近带电部分的金属遮拦和金属门。

(4) 配电、控制、保护用的屏（柜、箱）及操作台等的金属框架和底座。

(5) 交、直流电力电缆的接头盒、终端头和膨胀器的金属外壳和电缆的金属护层、可触及的电缆金属保护管和穿线的钢管。穿线的钢管之间或钢管和电器设备之间有金属软管过渡，应保证金属软管段接地畅通。

(6) 电缆桥架、支架和井架。

(7) 装有避雷线的电力线路杆塔。

(8) 装在配电线路杆上的电力设备。

(9) 在非沥青地面的居民区内，不接地、消弧线圈接地和高电阻接地系统中无避雷线的小接地电流架空电力线路的金属杆塔和钢筋混凝土杆塔。

(10) 承载电气设备的构架和金属外壳。

(11) 发电机中性点柜外壳、发电机出线柜、封闭母线的外壳及其他裸露的金属部分。

(12) 气体绝缘全封闭式组合电器（GIS）的外壳接地端子和箱式变电站的金属箱体。

(13) 电热设备的金属外壳。

(14) 铠装控制电缆的金属护层。

(15) 互感器的二次绕组。

6.2 安装、验收及工艺标准

各种接地装置应利用自然接地体直埋入地中或水中。交流电气设备的接地可利用自然接地体直埋入地中或水中。

除临时接地装置外，接地装置应采用热镀锌钢材。水平敷设的可采用圆钢和扁钢，垂直敷设的可采用角钢和钢管。腐蚀比较严重的地区的接地装置，应适当加大截面积，或采用阴极保护等措施。

接地装置的人工接地体，导体截面应符合热稳定和机械强度的要求，但不应小于表 6-1和表 6-2 所列规格。

表 6-1　钢接地体和接地线的最小规格

种类、规格及单位		地上		地下	
		室内	室外	交流电流回路	直流电流回路
圆钢直径/mm		6	8	10	12
扁钢	截面/mm²	60	100	100	100
	厚度/mm	3	4	4	6
角钢厚度/mm		2	2.5	4	6

续表

种类、规格及单位	地上		地下	
	室内	室外	交流电流回路	直流电流回路
钢管管壁厚度/mm	2.5	2.5	3.5	4.5

注 电力线路杆塔的接地体引出线的截面不应小于 50mm²，引出线应热镀锌。

表 6-2　铜接地体的最小规格

种类、规格及单位	地上	地下
铜棒直径/mm	4	6
铜牌截面/mm²	10	30
铜管管壁厚度/mm	2	3

注 裸铜绞线一般不作为小型接地装置的接地体用，当作为接地网的接地体时，截面应满足设计要求。

低压电气设备地面上外露的铜接地线的最小截面应符合表 6-3 的规定。

表 6-3　低压电气设备地面上外露的铜接地线的最小截面

名　　称	铜/mm²
明敷的裸导体	4
绝缘导体	1.5
电缆的接地芯或与相线包在同一保护外壳内的多芯导线的接地芯	1

6.2.1　接地体的敷设要求

(1) 接地体埋设深度应符合设计规定。当无规定时，不应小于 0.6m。角钢、钢管、铜棒、铜管等接地体应垂直配置。接地体引出线的垂直部分和接地装置连接（焊接）部位外侧 100mm 范围内应做防腐处理。

(2) 接地体的间距不宜小于其长度的 2 倍。水平接地体的间距应符合设计规定。当无设计规定时不宜小于 5m。

(3) 接地线应采取防止发生机械损伤和化学腐蚀的措施。

(4) 接地干线应在不同的两点及以上与接地网相连接。

(5) 接地体敷设完后的土沟其回填土内不应夹有石块和建筑垃圾等；外取的土壤不得有较强的腐蚀性；在回填土时应分层夯实。

(6) 明敷接地线的表面应涂以用 15～100mm 宽度相等的绿色和黄色相间的纹。当使用胶带时，应使用双色胶带。

(7) 在接地线引向建筑物的入口处和在检修用临时接地点处，均应刷白色底漆并以黑色标识。同一接地体不应出现不同的标识。

6.2.2　接地体（线）的连接

接地体间的连接应采用焊接，焊接必须牢固无虚焊。接至电气设备上的接地线，应用镀锌螺栓连接；有色金属接地线不能采用焊接时，可用螺栓连接。

接地体（线）的焊接应采用搭接焊，其搭接长度必须符合下列规定：

（1）扁钢为其宽度的2倍（且至少3个棱边焊接）。

（2）圆钢为其直径的6倍。

（3）圆钢与扁钢连接时，其长度为圆钢直径的6倍。

6.2.3 接地装置的验收

接地装置验收材料应包括下列内容：

（1）接地装置的设计资料。

（2）实际施工的竣工图、施工材料清单。

（3）变更设计或施工的证明文件。

（4）施工及安装技术记录，包括地下隐蔽工程的中间检查（提供照片资料）、验收记录等。

（5）交接试验报告。

接地装置工程验收应按下列要求进行检查验收：

（1）整个接地网外露部分的连接可靠，接地线规格正确，防腐层完好，标识齐全明显。

（2）避雷针（线）的安装位置及高度符合设计要求。

（3）供连接临时接地线用的连接板的数量和位置符合设计要求。

（4）接地电阻及其他接地参数的检测结果有效且符合设计规定：总容量100kVA及以上的变压器其接地装置的接地电阻不应大于4Ω，每个重复接地装置的接地电阻不应大于10Ω；总容量为100kVA以下的变压器，其接地装置的接地电阻不应大于10Ω，每个重复接地装置的接地电阻不应大于30Ω。线路电缆头、柱上断路器、柱上负荷开关、柱上隔离负荷开关、计量箱、电容器等的防雷装置，及各类设备外壳接地装置的接地电阻，不应大于10Ω。配电网设备接地电阻见表6-4。

表6-4　配电网设备接地电阻

配电网设备	接地电阻/Ω
柱上开关	10
避雷器	10
柱上电容器	10
柱上高压计量箱	10
总容量100kVA及以上的变压器	4
总容量100kVA以下的变压器	10
开关柜	4
电缆	10
电缆分支箱	10
配电室	4

有避雷线的架空配电线路，其杆塔接地电阻不宜大于表 6－5 所列数值。

表 6－5　　架空配电线路杆塔的接地电阻

土壤电阻率/(Ω·m)	工频接地电阻/Ω
≤100	10
<100～500	15
<500～1000	20
<1000～2000	25
>2000	30

(5) 接地装置验收测量应在土建完工后尽快安排进行。

接地装置地下隐蔽工程验收应严格把关，仔细检查施工技术记录、监理记录和中间验收记录，确认接地导体布置和埋设深度、材料规格、焊接质量、防腐措施及降阻材料施工工艺等符合设计、施工要求。

6.3　巡检项目要求及运行维护

6.3.1　接地装置的巡视

接地装置的巡视是为了掌握接地装置的运行状况，及时发现接地装置的运行缺陷或异常情况，为接地装置维护提供依据。主要检查接地装置是否满足运行标准、其设置或布置是否有效和合理、接地装置外观是否存在较明显的缺陷等。接地装置的巡视结合主设备巡视同时进行。

接地装置巡视主要分为定期巡视、故障巡视和特殊巡视等。

(1) 定期巡视是以掌握接地装置的运行状况、运行环境变化情况为目的，及时发现缺陷和威胁安全运行情况的巡视。

(2) 故障巡视是在设备发生接地故障时对接地装置进行巡视，主要是查找接地装置可能存在的故障点，以便确定故障原因。故障巡视应在发生故障后及时进行。

(3) 特殊巡视一般在气候剧烈变化、自然灾害、外力影响、异常运行或其他特殊情况时进行，检查接地装置的运行状态是否受到影响。

配电室、开关站、箱变等接地装置定期巡视、故障巡视和特殊巡视的主要内容见表 6－6。

表 6－6　　配电室、开关站、箱变等接地装置巡视的主要内容

序号	巡视内容	定期巡视	故障巡视	特殊巡视
1	电气装置或设备指定的金属部分是否接地运行	√	√	√
2	接地极是否外露，外露接地极的规格尺寸和防腐措施是否满足要求	√	√	√
3	设备非专设接地线是否符合要求，电气通路是否完好且焊接可靠	√	√	√

续表

序号	巡视内容	定期巡视	故障巡视	特殊巡视
4	设备专设接地线材料规格和截面是否满足热稳定、防腐和机械强度要求		√	
5	设备专设接地线连接是否可靠，设计规定的断开点是否采取镀锌螺栓连接，其余连接是否为焊接，焊接的搭接长度是否满足要求	√	√	√
6	螺栓连接是否有防松螺帽或垫片，钢绞线、铜绞线的压接是否牢靠		√	
7	有色金属接地线及不同金属接地线的连接方式是否符合要求，电弧焊接、螺栓连接、压接是否有效		√	
8	接地线的防腐层是否完好，连接点或焊接点是否经过防腐处理	√		√
9	在公路及其他易受外力破坏处接地线是否采取防止机械损伤的措施	√		√
10	明敷接地线表面绿、黄条纹标记或设计的其他标识是否明显和一致	√		√
11	接地线安装位置是否合理，是否妨碍设备检修和人员通行，接地线弯曲位是否顺畅、支持件及其间距是否符合要求			√
12	明敷接地线是否采取水平或垂直方式、直线段是否平直，沿建筑物墙敷设的接地线离地面距离及与建筑物墙壁间隙是否满足要求			√
13	每根专设接地线是否单独与接地网或接地母线相连接，接地母线是否至少在不同的两点与接地网相连接		√	√
14	避雷针（线）、避雷器的接地线及其连接方式是否满足要求		√	√

配电线路及设备接地装置定期巡视、故障巡视和特殊巡视的主要内容见表 6-7。

表 6-7　　配电线路及设备接地装置巡视的主要内容

序号	巡视内容	定期巡视	故障巡视	特殊巡视
1	杆塔接地极、接地线及其连接方式是否满足要求		√	√
2	接地网或接地极是否外露、外露部分是否锈蚀严重	√	√	√
3	专设接地线与杆塔是否连接良好、锈蚀程度、连接螺栓是否紧固	√	√	√
4	专设接地线材料规格、截面是否符合要求，防腐层是否完好		√	
5	钢筋混凝土杆铁横担、地线支架与接地线是否连接可靠，接地线与杆身固定是否良好	√	√	√
6	架空避雷线与杆塔是否连接良好	√	√	√
7	线路设备接地引线是否接地良好	√	√	√

6.3.2 接地装置的检测

电气设备的接地装置主要是为了故障时，故障电流能可靠地入地，不至于造成反击或其他不良后果。因此对接地装置的接地电阻提出了不同的要求，并规定每隔一定的周期要进行检测，看是否满足要求。

接地装置接地电阻的测量应尽量在干燥天气进行，连续阴雨天气后不应立即进行测量。接地装置故障或改造后应进行接地电阻测量。

接地装置长期运行在地下，容易发生腐蚀。由于腐蚀会使接地体或者设备接地引线截面减小，直到不能满足接地短路电流的热稳定，或造成开路，因此需对接地装置进行开挖检查（周期根据导通检测、接地电阻测量结果而定），主要检查下列部位：

（1）设备的接地引下线，因设备的接地引下线一部分在土中，一部分在空气中，由于氧浓度不同，易发生电化学腐蚀。因此每隔一定的周期需进行开挖检查，看其是否受到腐蚀，验算其截面是否满足热稳定要求，并进行防腐处理。

（2）接地网的焊接处，接地网的焊接处一般是腐蚀最严重部位，需重点检查并采取有效的防腐措施。

6.4 状 态 检 修

6.4.1 状态检修导则

接地装置是电网的重要构成部分，随着新科技、新技术的应用，设备性能与质量不断提高，在正常使用年限内已经达到了可以不进行维护的水平，如果依然使用传统模式下的检修管理，就存在一定程度的不契合。因此，定期的检修逐步向着状态检修转变已经成为当今的趋势。

6.4.2 状态检修的原则

状态检修应遵循“应修必修，修必修好”的原则，依据设备状态评价的结果，考虑设备风险因素，动态制订设备的检修计划，合理安排状态检修的计划和内容。

接地装置的状态检修主要包含不停电测量、试验以及检修维护工作。

6.4.3 检修分类

按照工作性质内容及工作涉及范围，接地装置检修主要为D类检修，检修项目见表6-8。

表6-8 注意、异常、严重状态的接地装置部件检修

缺陷	状态	检修类别	检修内容	技术要求	备注
接地体连接不良，埋深不足	注意	D类	（1）修补接地体连接部位及接地引下线。 （2）增加接地埋深：开挖接地后重新敷设接地体	接地体连接正常，埋深满足设计要求	接地引下线外观检查
	异常				
	严重				
接地电阻异常	异常	D类	增加接地体埋设：敷设新的接地体应与原接地体连接	符合设计要求	

接地装置的检修根据其运行状况、巡视和检测结果以及反事故措施确定。一般结合主设备检修进行，应遵循有关检修工艺和质量标准，需事先准备备品备件，且性能参数不低于原设计标准。

接地装置检修包括一般性检修和大修改造。一般性检修主要针对接地装置的地上部分，大修改造主要针对地下埋设的接地网、接地极，如重新敷设、更换接地体、扩建接地网等。接地装置的主要检修项目见表6-9。

表6-9　接地装置的主要检修项目

序号	检修项目	备　注
1	紧固或更换连接螺栓，加防松垫片	定期或根据巡视、检测结果进行
2	对接地线增设角钢、钢管保护	根据巡视结果进行
3	对焊接点及虚焊部位加强焊接、增加搭接长度	根据巡视、检测结果进行
4	更换、增设或重新布置、整直接地线	根据巡视、检测结果进行
5	接地线及其连接点除锈	定期或根据巡视、检测结果进行
6	涂防腐层或做其他防腐处理	定期或根据巡视结果进行
7	接地线表面涂刷条纹标记	定期或根据巡视结果进行
8	对外露的接地极实施掩埋，做防腐处理	根据巡视、检测结果进行
9	增设个别垂直、水平接地极	根据检测、开挖结果进行
10	增设引外接地极、深井接地极或水下接地极	根据检测、开挖结果进行
11	增施降阻材料	根据检测、开挖结果进行
12	扩建、延伸接地网	根据检测、开挖结果进行
13	更换腐蚀接地极或重新敷设接地极	根据检测、开挖结果进行

6.5　反事故技术措施

为防止接地网事故，应认真贯彻《接地装置特性参数测量导则》（DL/T 475—2006）、《配网设备状态检修试验规程》（Q/GDW 643—2011）及其他有关规定。

（1）在新建工程设计中，校验接地引下线热稳定所用电流应不小于远期可能出现的最大值，有条件的地区可按照断路器额定开断电流考虑；接地装置接地体的截面不小于连接至该接地装置接地引下线截面的75%，并提出接地装置的热稳定容量计算报告。

（2）在扩建工程设计中，应对前期已投运的接地装置进行热稳定容量校核，不满足要求的必须进行改造。

（3）柱上断路器应设防雷装置。经常开路运行而又带电的柱上开关或隔离开关两侧，均应设防雷装置，其接地线与柱上断路器等金属外壳应连接并接地。配电变压器的防雷装置应尽量靠近变压器，其接地线应与变压器二次侧中性点以及金属外壳相连并接地。

（4）施工单位应严格按照设计要求进行施工，预留设备、设施的接地引下线必须经确认合格，隐蔽工程必须经监理单位和建设单位验收合格，在此基础上方可回填土。同时，应分别对两个最近的接地引下线之间测量其回路电阻，测量结果是交接验收资料的必备内容，竣工时应全部交设备运维管理单位备存。

（5）接地装置的焊接质量必须符合有关规定要求，各设备与主地网的连接必须可靠，扩建地网与原地网间应为多点连接。接地线与电气设备的连接用螺栓连接时应设防松螺母或防松垫片。

（6）对于高土壤电阻率地区的接地网，在接地电阻难以满足要求时，应采用完善的均压及隔离措施，防止人身及设备事故。对弱电设备应有完善的隔离或限压措施，防止接地故障时地电位的升高造成设备损坏。

（7）应根据历次接地引下线的导通检测结果进行分析比较，以决定是否需要进行开挖检查、处理。若接地网接地电阻测量不符合设计要求，怀疑接地网严重腐蚀时，应进行开挖检查。如发现接地网腐蚀较为严重，应及时进行处理。

第7章 架空线路典型故障案例分析

10kV配电线路常见故障按照杆塔、导线、绝缘子分类，进行常见故障的一一举例说明。

7.1 杆 塔

【案例一】 汽车撞电杆。

1. 事故现象

某10kV线路出线开关跳闸，重合未成。经查线发现，10kV电杆被汽车撞断，导线绝缘皮被撞坏，造成相间短路，出线开关动作，如图7-1所示。

图7-1 汽车撞电杆

2. 事故原因分析

该线路处于交通事故多发地段，电杆多次被汽车撞坏，导致导线相间短路，是事故发生的主要原因。

3. 事故对策

(1) 电杆下部刷上红白相间的荧光粉条，以便提醒汽车司机注意道路旁的电杆。

(2) 与交通管理部门联系，在道路旁安置交通安全提示牌，提醒司机注意交通安全。

(3) 创造条件尽快探讨迁移电杆的可能性。

(4) 电杆加护桩。

【案例二】 电杆埋深过浅，发生倾倒，造成导线相间短路。

1. 事故现象

用户来电反映有一根电线杆严重倾斜，导线互绕，如图 7-2 所示。

图 7-2 电杆倾倒

2. 事故原因分析

该线路是新敷设的低压线路，电杆为高 9.12m 的混凝土电杆。埋杆地段地质较硬，埋深不够标准（约 1.2m），未夯实，又处于一个小转角处，加之连日的大风雨，使电杆严重倾斜，导致导线相间短路（导线互绕）是事故发生的主要原因。

3. 事故对策

(1) 电杆埋深是应根据电杆的荷载、抗弯强度和土壤等因素的特性综合考虑确定的，因按有效深度来衡量。线路设计规程规定，12m 电杆埋设深度一般为杆长的 1/6 为 1.9m，而此处的电杆埋深未达到规程的要求。

(2) 严格执行架空配电线路施工及验收标准，严把施工质量关，确保架空配电线路的安全运行。

(3) 加强线路的巡视检查，发现问题及时处理。

【案例三】 电杆上有藤萝类植物附生，造成导线接地。

1. 事故现象

某 10kV 线路出线断路器零序动作，重合未成单相接地，如图 7-3 所示。

2. 事故原因分析

经过巡线发现，某号电杆下附近的居民种有丝瓜。丝瓜秧蔓沿电杆攀爬，正好此处导线上有接地环，丝瓜秧蔓碰到接地环导线，造成一相接地，致使 10kV 出线开关零序动作。

图7-3　藤萝类植物造成短路

3. 事故对策

定期检查巡视架空配电线路，加强线路的巡视检查，以便发现事故隐患，及时采取措施，发现问题及时处理，防患于未然，保障线路的安全运行。

【案例四】　电杆安装在河道边，被水冲倒，造成导线断裂，线路停电。

1. 事故现象

某条10kV线路架设在一条久已干枯的河道边内，当年雨水大，上游水库放水，将多条安装在河道边的电线杆冲倒，导线断裂，线路停电，如图7-4所示。

图7-4　河道边电杆冲倒造成断线

2. 事故原因分析

该10kV线路属于农电线路，认为这条河道已多年干枯，不会再有水，为节省导线，就违反规程中的有关规定，将线路设计安装在久已干枯的河道边内上。没想到由于雨水会增多，河水冲倒电线杆，导线断裂，线路停电。

3. 事故对策

（1）不得随意违反线路设计规程规定，随意将线路设计安装在暂时干枯的河道旁边。

（2）加强线路的巡视检查，发现问题及时处理解决。

（3）类似问题如随意将线路设计、安装在水田、山体易滑坡处等都易对线路产生危害，都需引起各单位的注意。

【案例五】　10kV架空线路分路、倒路后，未及时更换路铭牌和杆号牌，造成工作人员误登带电杆触电的事故。

1. 事故现象

某供电公司职工按工作要求对某架空线路进行检修，上杆将绝缘子与导线的绑线解升时，突遭电击。经检查，此线路因长期过负荷，已于前段时间由另一施工部门分路倒到另一10kV线路供电。

2. 事故原因分析

（1）此线路因长期过负荷，已于前一段时间由另一施工部门分路倒到另一10kV线路供电。但此施工部门分路后，忘将电杆上的原路铭牌和杆号牌换下，致使检修人员误登带电电杆。

（2）检修人员未按《电力安全工作规程》（GB 26859～26861—2011）中规定的停电、验电、挂设接地线的工作程序进行检修工作。

3. 事故对策

（1）线路分倒路后，应立即将原路铭牌和杆号牌换成新路铭牌和新杆号牌，杜绝事故隐患。

（2）严格执行《电力安全工作规程》（GB 26859～26861—2011）中对停电检修工作提出的保证安全的技术措施：停电、验电、挂设接地线。

（3）加强线路的巡视检查，发现问题及时消除。

【案例六】　换大绝缘导线，致使电杆抗弯强度超过设计标准而折断。

1. 事故现象

某10kV线路（120mm^2、70mm^{2}裸导线）长期过负荷，为解决此问题，将120mm^2、70mm^{2}裸导线换为240mm^2、185mm^{2}绝缘导线；原同杆并架的5条95mm^2（3条相线、1条中性线、1条路灯线）低压绝缘导线换为185mm^{2}绝缘导线。同时，未与供电部门联系，又私自在电杆上加装了多条电话电缆，电杆因不堪重负而折断。

2. 事故原因分析

经过对折断电杆的检查分析，发现是由于为解决此10kV线路长期过负荷的问题，将120mm^{2}裸导线换为240mm^{2}的绝缘导线；原同杆并架的5条95mm^2（3条相线、1条中性线、1条路灯线）低压绝缘线换为185mm^{2}绝缘导线。由于没有相应地将电杆换成大抗弯强度的电杆，加之此电杆使用年限过久，纵向、横向裂纹较多，致使运行一段时间后，电杆不堪重负而折断。

3. 事故对策

（1）为解决线路过负荷的问题，在将原较小截面的导线换为大截面导线时，一定要全盘考虑，即电杆的抗弯矩、横担等金具是否满足换大截面后的导线要求。

（2）更换大截面导线时，一定要同时检查电杆、横担等金具是否存在质量问题，如有应尽快解决。

（3）加强线路的巡视检查，发现问题及时解决。

【案例七】 木制电杆因 P_{10} 针式绝缘子破碎，致使裸导线搭落在杆顶上，造成木制杆顶烧毁。

1. 事故现象

一天，某一10kV线路突然停电，经供电部门巡线检查发现，某段线路因还在使用木制电杆，杆使用的是 P_{10} 针式绝缘子，因年久针式绝缘子碎裂，导致裸导线搭落在木杆顶上，造成木杆顶和裸导线烧毁。

2. 事故原因分析

经现场检查，此段线路因地势原因仍然在使用木制电杆，杆上使用的也仍然是 P_{10} 针式绝缘子，因年久维修失当而碎裂，导致裸导线搭落在木杆顶上，造成木杆顶和裸导线烧毁。

3. 事故对策

（1）加强线路的巡视，发现缺陷及时处理，确保线路的安全运行。

（2）尽快把木电杆和木横担更换为水泥电杆和铁横担，针式绝缘子更换为 P_{15} 的。

【案例八】 铁杆安装后未经验收就投入运行，留下事故隐患。

1. 事故现象

某处十字路口新建了一座街心公园，四周安装了6根金属电杆，杆上装点了彩色花灯，为街心花园增添了不少色彩。一天傍晚，一居民带着小孙子来街心花园玩。小孩绕着新立的铁杆跑起来，当摸到一根铁杆时，突然“啊”地叫了一声，就被电击倒在地上。

2. 事故原因分析

经现场测量金属杆对零线电压为127V，当拆下金属杆的固定螺栓，取下电杆，发现法兰盘下一根导线的绝缘已经破损，露出了里面的铝导线。经分析是安装人员在安装时不小心碰坏的。主要原因是：

（1）安装人员在安装后，对金属杆没有进行绝缘电阻的遥测和验收。

（2）金属杆上没有设专门的接地装置，当天白天又下过雨，地面较潮湿，增加了触电的危险性。

3. 事故对策

凡在广场、公园等地安装的金属电杆，必须装设接地装置，接地电阻值应符合规程的要求。新安装的金属电杆投入使用前，安装部门应会同供电部门进行验收，经验收合格后方能够接电投入运行。

【案例九】 电杆质量不良、酥松、钢筋外露，孔洞内筑有鸟窝，给线路运行埋下隐患。

1. 事故现象

某条农电线路，长期没有进行巡视。在一次巡视检查中发现，由于购置的电杆只考虑价格，而对质量把关不严，数根混凝土电杆表皮出现大量纵、横向裂纹，酥松，水泥脱落，钢筋外露，而且在电杆露出的孔洞中，小鸟又衔进大量数枝、杂草，水泥、铁丝等杂物，给线路的运行埋下了重大的隐患，如图 7-5 所示。

图 7-5　电杆质量不良、酥松、钢筋外露

2. 事故原因分析

(1) 电杆在运输和安装的过程中，遭受外力，既有外伤又有内伤，致使安装时电杆就有纵、横向裂纹存在。

(2) 由于是纯农业线路，加之管理不严格、规范，线路未按规程要求的时间按时进行巡视，电杆的裂纹随季节和气温的变化逐渐增大，直至水泥大量脱落，钢筋外露。恰好此段线路又在一片树林中，小鸟正好找到一处避风雨的好地方，衔来树枝、杂草、河泥、铁丝等物，筑起了安乐的小窝。

3. 事故对策

(1) 严格执行《10kV 及以下架空配电线路设计技术规程》(DL/T 5220—2005) 中的规定，配电线路的钢筋混凝土电杆应采用定型产品，电杆构造的要求应符合国家标准。

(2) 安装钢筋混凝土电杆和预应力钢筋混凝土电杆应符合《环形混凝土电杆》(GB 4623—2014) 的规定。安装钢筋混凝土电杆前应进行外观检查，且符合下列要求：①表面光洁平整，壁厚均匀，无偏心、露筋、跑浆、蜂窝等现象；②预应力混凝土电杆及构件间不得有纵向、横向裂纹；③普通钢筋混凝土电杆及细长预制构件不得有纵向裂纹，横向裂纹宽度不应超过 0.1mm，长度不超过 1/3 周长；④杆身弯曲不超过 2/1000。混凝土预制构件表面不应有蜂窝、露筋和裂缝等缺陷，强度应满足设计要求。

(3) 强化线路巡视周期，按时进行线路巡视，确保线路运行安全。

7.2　导　　线

【案例一】　导线“死弯”造成断线。

1. 事故现象

冬季某地晚上 8 点来钟，居民突然发现电灯有的灭、有的红、有的亮。居民向供电客户服务中心报修后，供电紧急修理班经检查发现：低压线路5～6号杆之间三相四线制的一相绝缘导线断线，电源侧一头掉到路边上，供电紧急修理班立即进行了处理，恢复了供电。

2. 事故原因分析

经过对断线故障点进行检查，发现是因为导线架设时留有死弯损伤，在验收送电时也未发现；由于死弯处损伤，使导线强度降低，导线截面减小，正逢寒冬季节，导线拉力大，这样导线的允许载流量和机械强度均受到较大影响而导致断线。施工质量差，要求不严，违反规定，是造成断线的主要原因。未按规程规定，定时对低压线路巡视检查不够，未及时发现缺陷也是原因之一。

3. 事故对策

（1）在低压架空线路的新建和整改中，必须严格执行《农村低压电力技术规程》（DL/T 499—2001），加强施工质量管理。

（2）施工中发现导线有死弯时，为了不留隐患，应剪断重接或修补。具体做法是，导线同一截面损伤面积为5%～10%时，可将损伤处用绑线缠绕20匝后扎死，予以补强；损伤面积占导线截面的10%～20%时，为防止导线过热和断线，应加一根同规格的导线作副线绑扎补强；损伤面积占导线截面的20%以上时，导线的机械强度受到破坏，应剪断重接。

（3）应加强对线路的巡视检查，尤其在风雨天过后，要认真仔细巡视，发现缺陷及时消除。

【案例二】　绑线松动、导线磨损造成断线事故。

1. 事故现象

某通往水泵房供电的低压线路是16mm²铝芯绝缘线，该10kV线路突然发生一相断线，使正在运行的水泵停止工作经过该处的一头牛发生触电死亡，如图7-6所示。

2. 事故原因分析

经发现导线与绝缘子绑扎不牢。由于绑线松，使导线和绝缘子发生摩擦，久而久之，发生绝缘损坏，破股断线。

3. 事故对策

（1）应加强对线路的巡视检查，尤其在风雨天要进行特巡，发现缺陷，及时处理严格施工要求，在线路架设时，必须对导线严格按标准规定进行绑扎，其要求是在导线弧垂度调整好后，用直线杆针式绝缘子的固定绑扎法把导线牢固地绑在绝缘子上。

（2）认真做好验收工作，新架设线路在使用前要进行登杆检查，验收合格后方可送电。

【案例三】　架空导线连接不当，造成烧线事故。

1. 事故现象

一路三相四线架空绝缘线，在14号与15号杆之间的一根导线突然烧断落地，断线截面为70mm²，造成部分照明用户停电。

2. 事故原因分析

经电力部门线路检修人员检查发现，烧断落地的铝芯线断口处表面及断面均有明显的

图 7-6　绑线松动、导线磨损造成断线

烧伤痕迹。该线是在距横担绝缘子 0.6m 处烧断的，有一根 $25mm^2$ 铝芯绝缘线直接缠绕在上面，其表面也已大部烧熔。据分析，$70mm^2$ 主干线被烧断落地的直接原因，是搭接在主干线上的 $10mm^2$ 铝芯线未按规定牢固与主干线连接，仅简单地在干线表面缠绕了几圈。因主干线与支线接触不良，接触处在较大电流作用下长期发热而造成烧断。

3. 事故对策

(1) 更换已烧坏的 $70mm^2$ 铝芯绝缘线，将支线与干线可靠地进行连接。

(2) 严把施工质量关，严禁不按规程乱施工。

(3) 定期巡视检查架空线路，发现问题及时采取措施处理，保障线路的安全运行。

【案例四】　10kV 架空配电线路因操作过电压屡次被烧断。

1. 故障现象

即送电端的速断保护动作。经相邻相间距离是符合相关规定的，每次被烧断时气候条件都很好，且每次烧断点均在较长档的线路中间，支线导线为 JKLYJ-35，挡距为 70m。据此分析，线路故障可能是支线的刚度不足，受较大电流的电动力时发生的短路。检查熔断器（型号为 RW3-100A）时，据反映，由于熔丝经常熔断，已用铝线将熔断器短接了。对此条线路进行多次检查未发现问题。对接在此条线路的用户进行检查，发现一个用户中有一台较大的异步电动机。在电机控制室发现了多处电弧放电区及放电点。经检查，放电区为母排与引线排垂直交点 R 和 A 相母线外侧及 B、C 相开关静触头，其相间距离为 11cm，比 10kV 标准略小。此间隙的击穿电压大于 40kV，即为 4 倍的过电压。在现场未发现对地放电点。

2. 故障原因分析

这类故障以前大多被分析为电机启动电流过大，引起线路过电流而将熔丝熔断。但在该厂检查电机的运行记录时发现，该电机运行正常，启动电流不会对线路有影响，因此故障原因可能是因为配置不合理造成的。从配电系统的设计看，电机的工作电流很小，操作开关的截流电流较大。当开关分闸操作时，有较大截流电流，而此时母线回路的避雷器已切除，前置电缆长，产生较大电动势，从而引起绝缘薄弱区被过电压击穿。从操作的过电压因素看，另一个原因为合送空线路引起的。因为此时电缆终端无避雷器，前置的长电缆由于有较大的充电电容，相当于合送较长的空载线路引起操作过电压击穿；在切空载线路时，由于此时电弧能量小，不足以引起大电流烧断线的故障。

在被电弧击穿的击穿区，因电弧长度较长，运行线路额定电流较大（500A），产生的电弧短路电流不足以引起送16端断路器跳闸。故障的发展过程，首先熔断的应是熔丝，因此实际上已取消了熔断器。在这种情况下电弧电流可能在电流过低时熄灭，也可能发展成短路电流引起线路送电端跳闸，严重时，由于JKLYJ－35导线强度差，在短路电动力的吸引下直接短路而烧断。

3. 事故对策

此系统的故障是设计考虑不周引起的。在直配式电机中配置真空断路器时，由于其有较大的截流电流，应在断路器两端各装设一组避雷器；引线采用母线式结构，母线上再安装一组避雷器。对于YSM－12.7型避雷器，此时母线相间电压受避雷器限制，其过电压水平低于原相对地过电压水平。根据原系统相对地无放电点，这种处理方式是可行的。考虑到JKLYJ－35导线强度不足，可更换成JKLYJ－50。整改完成后，各种条件下的操作证明，故障隐患已消除，系统运行正常。

设计单台电机的配电系统时，若操作设备选用真空断路器，则应在电缆端与电机端各装设一组避雷器。对这种情况设计部门及用户都应引起重视。

【案例五】　线路导线舞动造成缠绕短路。

1. 事故现象

某日在同一条线路上，发生两次导线相互缠绕的事故。经现场检查发现，两起导线相互缠绕的主要原因是因为导线的舞动，而造成导线舞动的主要原因是因为导线的弧垂过大。我们知道，在导线弧垂过大时，虽然导线的内应力小，但造成导线线间距离不足。当导线发生舞动时，很容易发生导线相互缠绕的事故，从而发生相间短路，如图7－7所示。

图7－7　线路导线舞动造成缠绕短路

2. 事故原因分析

导线在悬挂、固定的垂面上，形成有规律的上、下波浪状的往复运动称为舞动。横向稳定而均匀的风速是造成导线舞动的原因。

当导线的弧垂较大时，导线舞动的振幅值也加大。尤其在三条导线的弧垂不相同时，振幅值也不相同，在导线线间距离较小、导线伴有左右摆动的情况下，在一挡内两条或三条导线就会缠绕在一起，使线路发生相间短路，开关跳闸。当导线继续舞动时，将从缠绕点向两边顺线路扩大缠绕距离，并向两点杆支持绝缘子导线固定处发展延伸，直到导线受力拉紧再也不能缠绕在一起为止，导线才停止舞动。

导线舞动有的虽然不能使导线缠绕在一起，但瞬间相碰也会形成短路，使开关跳闸，这种短路故障很不容易找出，如果发生开关事故掉闸，而又找不到事故原因时，很可能是由于线路导线瞬间相触而造成的。

3. 事故对策

(1) 防止和减弱导线舞动的措施。加大横担长度，增加线间距离。在导线上加装防舞动装置，以吸收或减弱舞动的能量，广泛采用的防舞动装置是防振锤和阻尼线。

(2) 对导线弧垂严加控制。新架设的线路，导线要按当时的温度查导线安装曲线，并要考虑导线的初伸长对弧垂的影响，确定紧线弧垂的大小。

(3) 要加强对线路的巡视检查工作，尤其是对曾发生过短路故障，但未查出故障原因的线路，如果发现弧垂较大，应及时进行调整，并采取其他防止导线舞动的措施。

【案例六】　架空线路安装不合格，致使拉线带电。

1. 事故现象

某日后，农村道路较泥泞。一位老大爷经过电杆时，为防滑倒，用手去扶电杆的拉线，立时感到浑身麻木而躺倒在地。幸亏旁边正走着一位电工，看到此情况立即意识到老人触电，马上用一木棍将老人的手与拉线挑开，避免了一起人身触电伤亡的事故。

2. 事故原因分析

经供电部门现场检查分析，此拉线是一条临时线路低压转角杆的拉线。此低压转角杆用瓷横担作绝缘子，由于大风把转角杆外瓷担的定位栓拉断，瓷横担因导线由里向内角倾斜，造成裸导线搭着瓷横担的铁件，碰着拉线抱箍，从而使拉线带电。

3. 事故对策

这起事故主要是临时拉线安装质量不符合要求而造成的。为此对低压临时线除按《农村低压电力技术规程》(DL/T 499—2001) 临时用电部分的要求进行改造外，还必须做到：

(1) 临时线路必须有一套严格的管理制度，线路的施工、维护和巡视应有专人负责。

(2) 临时线路应有使用期限，一般不应超过 6 个月。使用完毕应及时拆除。

(3) 临时用电设备应采用保护接零（地）的安全措施。在电源和用电设备两端应装设开关箱。开关箱应防雨，对地高度不低于 1.5m。

(4) 临时架空线应架设在可靠的绝缘支持物上，绝缘子的外观和耐压均应合格，瓷件与铁件应结合紧密，严禁使用不合格的绝缘子。

(5) 导线与导线之间，导线与地面、建筑物、其他线路以及与树木之间，均应符合临时用电工程的安全距离。

(6) 临时线路禁止跨越铁路、公路和一级、二级通信线路。

(7) 凡临时用电工程，必须向当地的供电部门申请，设备装设必须符合规程要求，并经验收合格后方可接电。

(8) 拉线与电力线应保证有良好的绝缘，行人应尽量不要碰及电杆的拉线。

【案例七】 不按规程安装线路，造成铁横担带电。

1. 事故现象

某供电部门低压稽核人员去用户稽核。当检查到一户小卖部时，发现电表接线有问题，需要停电检查。当时决定由张师傅上杆进行断接户线的工作，陈师傅在地面进行监护。张师傅上杆系好安全带后，因觉得不顺手，需调换下身体位置，在未戴手套的情况下，用一只手抓住拉线，另一只手去抓横担。当手刚一接触横担时就发生了触电，幸亏系好了安全带，人未从杆上跌下。经检查，发现要查的这户的接户线紧挨横担，被风刮得磨破了绝缘皮，使相线接触横担而带电。

2. 事故原因分析

此次人身触电事故，主要是施工人员在施工时没有按照低压电力技术规定进行施工，为了图省事而少安装了绝缘子和拉板，造成接户线和横担没留净空距离，接户线与横担长期接触，绝缘皮被磨破而使横担带电。

3. 事故对策

(1) 加强对电工的技术培训，逐步提高员工素质。

(2) 严格施工管理和施工质量的验收制度，保证施工不留缺陷，安全不留隐患。

(3) 电工要树立“我要安全”的思想，增强自我保护意识，克服怕麻烦、图省事的思想和行为。

(4) 为保证安全供用电，要在技术手段上下工夫，积极安装剩余电流保护装置。

【案例八】 拉线严重松弛造成接地。

1. 事故现象

有一位工人因工作需要抓住拉线使劲摇晃。因为这条拉线前一段曾被汽车撞过，造成严重松弛，所以被摇晃拉线的弧度很大。摇晃中，忽听一声巨响，拉下裸电线，这名工人瞬间被电伤，如图 7-8 所示。

2. 事故原因分析

(1) 这次事故是因为这条拉线曾被汽车撞过，造成严重松弛，这次又被 2 人使劲晃动后，拉线碰撞导线，造成单相接地引起的。小朋友摇晃拉线是造成此次事故的直接原因，但拉线严重松弛，被撞后不进行维护，为这次事故发生提供了条件。

(2) 安全用电的宣传力度不够，未能使人人了解碰撞和摇电杆拉线可能带来的严重危害。

(3) 电杆拉线上未安装拉线绝缘子，拉线下部的护套被汽车撞坏后，也未再进行安装，也是造成此次事故的一个主要原因。

3. 事故对策

(1) 严格施工管理和施工质量检查验收制度，保证施工不留缺陷，安全不留隐患。此

图 7-8　拉线严重松弛造成接地

次拉线未安装拉线绝缘子就是一个隐患。

(2) 应向群众广泛深入地宣传不要靠近和摇晃电杆拉线的道理。

(3) 加强线路的巡视与维护。

【案例九】　雷击断线。

1. 事故现象

夏日一雨天，雷声过后，某 10kV 线路速断跳闸，重合未成；另接老百姓电话，有一高压线掉在路面的水中直冒火，并将正在此行走的一路人电倒，如图 7-9 所示。

图 7-9　雷击断线

2. 事故原因分析

经现场检查分析发现：此次雷击应为直击雷，不仅击断了导线，还将 A、B 相 P_{20} 立瓷瓶的下裙同时击碎，只剩喇叭铁柱，造成导线接地，对铁横担放电。

导线被击断后，掉在雨水中，因导线仍然带电，导致一光脚在雨水中行走的民工触电身亡。

3. 事故对策

在雷击多发区，应在每个基电杆处安装避雷器，并保证接地电阻须合格，减少因雷击发生断线的事故。

7.3 绝 缘 子

【案例一】 柱上变压器处的避雷器爆炸，造成线路接地跳闸。

1. 事故现象

某10kV线路零序动作跳闸，经供电部门线路巡视检查发现，是一处柱上变压器的避雷器爆炸，避雷器引线搭落在横担上而造成的。

2. 事故原因分析

10kV阀型避雷器制造质量不高，因雨后进入潮气而在晴天无预警爆炸，造成避雷器引线搭落在横担上形成接地而跳闸。

3. 事故对策

（1）可考虑将阀型避雷器更换为氧化锌避雷器。

（2）在未更换避雷器之前，在避雷器引线处制作一个绝缘支架，当阀型避雷器爆炸后，可以使避雷器引线搭落在此绝缘支架上，从而避免了因引线搭落在横担上而造成线路接地的事故。

（3）向避雷器生产厂家反馈此方面的信息，以引起生产厂家的重视，提高阀型避雷器的质量。

【案例二】 避雷器质量不良引起10kV线路事故。

1. 事故现象

雷雨中某生产厂及生活区高、低压全部停电。经检查，10kV线路的B相导线断落，雷击时变电所内跌落式熔断器有严重的电弧产生。低压配电室内也有电弧现象并伴有爆炸声，有一台低压配电柜内的二次线路被全部击坏。

2. 事故原因分析

（1）雷电是落在高压线路上的，线路上没有保护间隙，当雷击出现过电压时，没有能够通过保护间隙使大量的雷电流泄入大地，而击断了导线，如图7-10所示。

（2）当雷电波电流随着线路入侵到变电所时，由于B相避雷器质量不良，冲击雷电流不能够很好地流入大地，产生较高的残压，当超过跌落式熔断的耐压值时，使跌落式熔断器被击坏；当避雷器上有较高的残压时，由于避雷器的接地系统和变压器低压侧的中性点接地系统是相通的，造成变压器低压侧出现较高的电压。低压配电柜的绝缘水平比较低，在低压侧出现过电压时，绝缘比较薄弱的配电柜首先被击坏。

3. 事故对策

（1）恢复线路的保护间隙，使雷击高压线路时，保护间隙首先能够被击穿而把雷电流泄入大地，起到保护线路和设备的作用。

（2）当带电测试发现避雷器质量不良时，要及时拆下进行检测，包括：测量接地电阻；测量电导电流及检查串联组合元件的非线性系数差值；测量工频放电电压。只有当这些试验结果都符合有关规程要求时才可以继续使用，否则，应立即予以更换；在电气设备发生故障后，经修复绝缘水平满足要求后才再投入使用。

图 7-10 雷击断线

【案例三】 10kV 绝缘子抱箍立铁与抱箍焊接处断开，造成相间短路。

1. 事故现象

一天，某 10kV 线路速断跳闸，重合未成，手动也未成功。经紧急修理班巡视线路发现，某变压器西侧的一根杆，10kV 绝缘子抱箍立铁与抱箍焊接处断成两截（抱箍断），造成中相导线与南边相导线短路，中边相导线被烧断。

2. 事故原因分析

经现场检查发现，断裂的报抱箍以前有旧裂痕。由于运行时间较长，加之受风力影响，抱箍的裂痕越来越大，最终断裂，造成中边相导线掉落，滑向南边相导线，导致相间短路，变电站内速断跳闸，重合未成，并造成中边相导线被烧断。

3. 事故对策

（1）严格执行线路施工及验收质量标准，确保线路的安全运行。

（2）加强线路的巡视检查，保证尽早发现线路上的故障及隐患，及时处理，保证线路的安全运行。

（3）认真开展线路状态检修。

【案例四】 因为绝缘子污闪造成的 10kV 线路事故。

1. 事故现象

某变电站的一条 10kV 架空线路频繁跳闸，为查明原因，决定全线进行巡视检查。但是连续两次登杆检查均未发现问题。一天早晨，起了一场大雾，此条线路各段均有部分绝缘子闪络放电。在绝缘子的磁釉表面上，轻者出现了不规则的线状烧痕，稍重者有不规则的带状或片状烧痕，严重者如悬式绝缘子的磁裙全部因弧光放电发热而爆炸碎裂。导致线路不能送电，被迫退出运行，进行抢修。

2. 事故原因分析

（1）思想上的麻痹大意。在电力生产中，10kV 架空线路从设计到安装大多是按国家规定关于空气污秽地区分级标准去选定安装绝缘子的，并且绝缘子的泄漏比距也是按高值起用的，所以正常情况下，绝缘子绝缘击穿在线路运行中是少见的。也正因为如此，人们对绝缘子脏污问题不够重视，以为绝缘子上即使挂点污垢，遇到一场大雨也就冲洗干净了。

（2）防范措施没有到位。未按规定及时清扫绝缘子。每年春秋两季登杆检修是供电部门的正常工作，而每次检修中都有清扫绝缘子这项工作。但由于部分领导与职工在思想上对绝缘子脏物危害缺乏认识，所以清扫措施落实不力。

（3）日积月累，从量变到质变。线路绝缘子从投入运行后，由于烟尘、雨雪、汽车尾气等有害气体的侵蚀，污秽物已逐渐从浮附在绝缘子上，发展到牢固地黏附在绝缘子上，由粉尘演变到固化物，有的甚至用刀具都难刮不下来，日积月累的污秽物最终导致了闪络放电。

3. 事故对策

（1）主管生产的领导运行人员必须掌握线路绝缘子脏污的实际情况及程度，做到有的放矢，以利于反脏污工作的安排；反脏污工作应做到有布置、有检查，一丝不苟、认真负责。对于绝缘子已脏污的，宜采用干软布或毛巾逐一进行擦拭。

（2）若运行年限较长，表面污秽物已经硬化，则必须用清洁剂或洗衣粉兑水进行逐片擦拭。方法是先用浸水（指含清洁剂或洗衣粉的水）的湿布将污秽物擦拭干净，然后再以干布反复擦拭。

（3）按照污染等级更换相应的防污型绝缘子。

第8章 电力电缆基本知识

8.1 电力电缆基础知识概述

8.1.1 电缆的概念

广义的电线电缆也简称为电缆。狭义的电缆是指绝缘电缆，通常是由一根或多根导线以及相应的包覆绝缘层和外护层三部分组成。按《电工术语电缆》（GB/T 2900.10—2013）规范，定义为，用以传输电（磁）能、信息和实现电磁能转换的线材产品，用于电力传输和分配大功率电能的电缆，称为电力电缆。

8.1.2 电缆的应用

随着城市建筑物和人口密度的增加，为了解决架空线路通道问题、城市和新农村市容村貌美观问题，电力电缆已逐渐在广大城市和乡村地区得以应用。

按照《城市电力网规划设计导则》（Q/GDW 156—2006），在下列情况下可采用电缆线路：

（1）依据城市规划，明确要求采用电缆线路的地区，以及对市容环境有特殊要求的地区。

（2）负荷密度高的市中心区、建筑面积较大的新建居民小区及高层建筑小区。

（3）走廊狭窄，架空线路难以通过而不能满足供电需求的地区。

（4）严重污秽地段。

（5）为供电可靠性要求较高的重要用户供电的线路。

（6）经过重点风景旅游区的区段。

（7）易受热带风暴侵袭的沿海地区主要城市的重要供电区域。

（8）电网结构或运行安全的特殊需要。

电缆的选型应在首先满足运行的条件下，决定线路敷设方式，然后确定结构和型式。在条件适宜及确保电缆质量时，应优先选用交联聚乙烯绝缘电缆。电缆导线、材料与截面的选择，除按输送容量、经济电流密度、热稳定、敷设方式等一般条件校核外，一个城网内20kV及以下的主干线电缆应力求统一，每个电压等级可选用两种规格，预留容量，一次敷设。

8.2 电力电缆的种类及命名

8.2.1 电力电缆的种类

1. 按电缆的绝缘材料分类

电力电缆按绝缘材料常用的可分为油纸绝缘电缆、挤包绝缘电缆和压力电缆三大类。10kV及以下电力电缆主要采用挤包绝缘电缆。

挤包绝缘电缆又称为固体挤压式聚合电缆，它是以热塑性或热固性材料挤包形成绝缘垫的电缆。目前挤包绝缘电缆有聚氯乙烯（PVC）电缆、聚乙烯（PE）电缆、交联聚乙烯（XLPE）电缆和乙丙橡胶（EPR）电缆等。

XLPE电缆是20世纪60年代以后技术发展最快的电缆品种，与油纸绝缘电缆相比，其制造周期较短、效率较高、安装工艺较为简便。由于制造工艺的不断改进，XLPE电缆具有优良的电气性能。目前10kV电力电缆基本采用XLPE电缆。

2. 按电缆的结构分类

电力电缆按照电缆芯线的数量不同，可分为单芯电缆和多芯电缆。多芯电缆指由多相导体构成的电缆，有两芯、三芯、四芯、五芯等。

3. 按电压等级分类

根据IEC标准推荐，电缆按照额定电压可分为低压、中压、高压和超高压四类。

（1）低压电缆：额定电压不大于1kV。

（2）中压电缆：额定电压为6～35kV。

（3）高压电缆：额定电压为45～150kV。

（4）超高压电缆：额定电压为220～500kV。

4. 按照特殊需求分类

按对电力电缆的特殊需求，配网电力电缆主要分防火电缆、防水电缆等品种。

（1）防火电缆：具有防火性能的电缆，包括阻燃电缆和耐火电缆两类。包括有卤素、无卤素、低烟等产品，对防火具有重要意义。

阻燃电缆是指能够阻滞、延缓火焰沿着其外表蔓延，使火灾不扩大的电缆。在电缆比较密集的隧道、竖井和电缆夹层中，应选用阻燃电缆。

耐火电缆是指当受到外部火焰以一定高温和时间作用期间，在施加额定电压状态下具有维持通电运行功能的电缆，用于防火要求特别高的场所。

（2）防水电缆：防水电缆一般加铝塑复合带，适用于水下、常年潮湿环境、地势低洼的电缆沟等环境。

8.2.2 电力电缆型号的命名方法

电力电缆型号的命名由字母和阿拉伯数字组成。电缆型号除表示电缆类别、绝缘结构、导体材料、结构特征、铠装层类别、外被层类型，还将电缆的工作电压、线芯数目、截面大小及标准号分别表示在型号后面。阻燃和耐火电线电缆的型号由产品燃烧特性代号和相关电线电缆型号两部分组成。

YJV/YJLV 表示铜芯（铝芯）XLPE 绝缘 PVC 护套电力电缆；

YJV22/YJLV22 表示铜芯（铝芯）XLPE 绝缘钢带铠装 PVC 护套电力电缆；

ZA-YJV22/ZA-YJLV22 表示阻燃 A 类铜芯（铝芯）XLPE 绝缘钢带铠装 PVC 护套电力电缆；

VV22 表示铜芯 PVC 绝缘钢带铠装 PVC 护套电力电缆。

以配网系统应用最多的 XLPE 绝缘电缆型号命名为例，如图 8-1 所示。

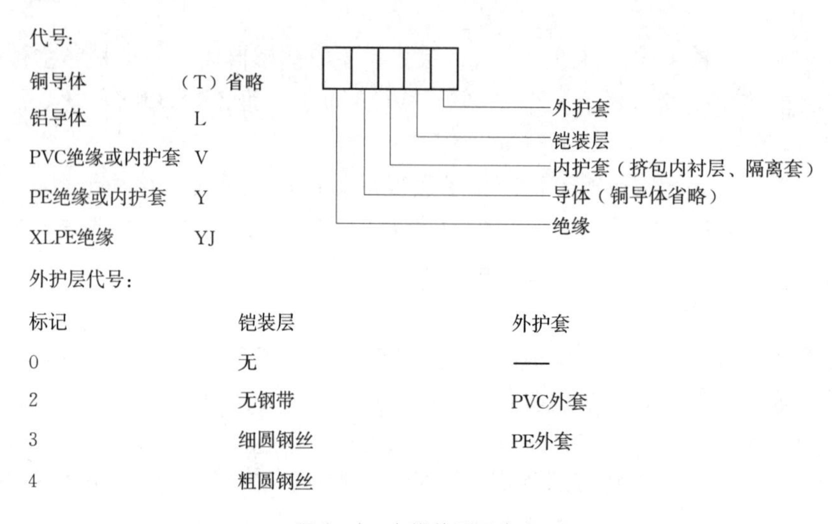

图 8-1 电缆的型号命名

注：以 XLPE 塑料绝缘电力电缆为例

铜芯 XLPE 绝缘钢带铠装 PVC 护套阻燃 C 类耐火电力电缆，额定电压为 10kV，3 芯标称截面为 300mm^2，表示为：ZCN-YJV22-10-3×300。

8.3 电力电缆的结构和性能

8.3.1 电力电缆的结构

电力电缆的基本结构一般由导体（或称导电线芯）、绝缘层和护层这三个部分组成，6kV 及以上的电缆导体外和绝缘层外还增加了屏蔽层。如图 8-2 所示。

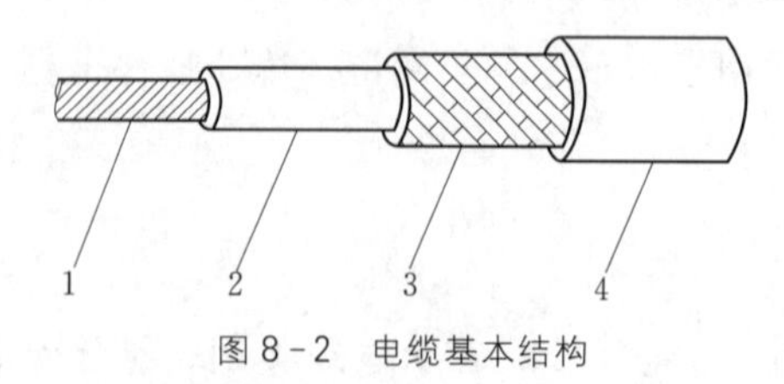

图 8-2 电缆基本结构

1—导体；2—绝缘层；3—屏蔽层；4—电缆护层

1. 导体

导体是产品发挥其使用功能的主体构件，其作用是传导电流，是电缆的主要组成部分。电力电缆的导电线芯主要采用具有高导电性能的，有一定的抗拉及伸长强度的防腐蚀、易焊接的铜、铝材料制成。目前主要用的是铜与铝，铜的导电性能比铝要好得多。

2. 绝缘层

电缆绝缘层具有承受电网电压的功能。电缆运行时绝缘层应具有稳定的特性，较高的绝缘电阻、击穿强度，优良的耐树枝放电和局部放电性能。10kV 电缆绝缘标称厚度为 4.5mm，绝缘厚度平均值不小于规定的标称值，绝缘任一点最薄点的测量厚度不小于标称值的 90%，任一断面上的绝缘偏心度不大于 10%。电缆绝缘有挤包绝缘、油纸绝缘、压力电缆绝缘三种，本文主要介绍前两种。

（1）挤包绝缘。挤包绝缘材料主要是各类塑料、橡胶，其具有耐受电网电压的功能，为高分子聚合物，挤包工艺一次成型紧密地包在电缆导体上。塑料和橡胶属于均匀介质，这是与油浸纸的夹层结构完全不同。PVC、聚乙烯、XLPE 和乙丙橡胶的主要性能如下：

1）PVC 塑料以 PVC 树脂为主要原料，加入适量配合剂、增塑剂、稳定剂、填充剂、着色剂等经混合塑化而制成。PVC 具有较好的电气性能和较高的机械强度，具有耐酸、耐碱、耐油性，工艺性能也比较好的优点；缺点是耐热性能较低，绝缘电阻率较小，介质损耗较大，因此应用于 1kV 及以下的电缆绝缘。

2）聚乙烯具有优良的电气性能，介电常数小、介质损耗小、加工方便的优点；缺点是耐热性差、机械强度低、耐电晕性能差、容易产生环境应力开裂。

3）XLPE 是 PE 经过交联反应后的产物。采用交联的方法，将线形结构的聚乙烯加工成网状结构的 XLPE，从而改善了材料的电气性能、耐热性能和机械性能。

4）EPR 是一种合成橡胶。用作电缆绝缘的 EPR 是由乙烯、丙烯和少量第三单体共聚而成。EPR 具有良好的电气性能、耐热性能、耐臭氧和耐气候性能；缺点是不耐油，可以燃烧，造价昂贵。一般船舶电缆、水底、核电站等可以考虑使用。

（2）油纸绝缘。油纸绝缘电缆的绝缘层采用窄条电缆纸带，绕包在电缆导体上，经过真空干燥后浸渍矿物油或合成油而形成。纸带的绕包方式，除仅靠导体和绝缘层最外面的几层外，均采用间隙式（又称负搭盖式）绕包，这使电缆在弯曲时，在纸带层间可以相互移动，在沿半径为电缆本身半径的 12～25 倍的圆弧弯曲时，不至于损伤绝缘。油纸绝缘电缆具有良好的导电性能，使用历史悠久，一般场合下仍可使用。

3. 屏蔽层

屏蔽层是能够将电场控制在绝缘内部，同时能够使绝缘界面处表面光滑，并借此消除界面空隙的导电层，其作用是限制电场和电磁干扰。

在导体表面加一层半导电材料的屏蔽层，并与绝缘层良好接触，从而可避免在导体与绝缘层之间发生局部放电。这层屏蔽又称为内屏蔽层。

在绝缘表面和护套接触处，也可能存在间隙。在绝缘层表面加一层半导电材料的屏蔽层，它与被屏蔽的绝缘层有良好接触，与金属护套等电位，从而可避免在绝缘层与护套之间发生局部放电。这层屏蔽又称为外屏蔽层。

屏蔽层的材料是半导电材料，其体积电阻率为 103～106Ω·m。油纸电缆的屏蔽层为半导电纸。半导电纸有吸附离子的作用，有利于改善绝缘电气性能。挤包绝缘电缆的屏蔽层材料是加入炭黑粒子的聚合物。没有金属护套的挤包绝缘电缆，除半导电屏蔽层外，还要增加用铜带或铜丝绕包的金属屏蔽层。其作用是在正常运行时通过电容电流；当系统发生短路时，作为短路电流的通道，同时也起到屏蔽电场的作用。在电缆结构设计中，要根据系统短路电流的大小，采用相应界面的金属屏蔽层。

4. 电缆护层

电缆护层是覆盖在电缆绝缘层外面的保护层。典型的护层结构包括内护套和外护层。内护套贴紧绝缘层，是绝缘的直接保护层。包覆在内护套外面的是外护层。通常，外护层又由内衬层、铠装层和外被层组成。外护层的三个组成部分以同心圆形式层层相叠，成为一个整体。

护层的作用是保证电缆能够适应各种使用环境的要求，使电缆绝缘层在敷设和运行过程中免受机械或各种环境因素损坏，以长期保持稳定的电气性能。内护套的作用是阻止水分、潮气及其他有害物质侵入绝缘层，以确保绝缘层性能不变。内衬层的作用是保护内护套不被铠装扎伤。铠装层是电缆具备必需的机械强度。外被层主要是用于保护铠装层或金属护套免受化学腐蚀及其他环境损伤。成品电缆标识的外护套表面应连续凸印或印刷厂名、型号、电压、导体截面、制造年份和计米长度标志，不得连续 500mm 内无标识。

8.3.2 电力电缆的载流量

电缆线路的载流量，应根据电缆导体的允许工作温度，电缆各部分的损耗和热阻、敷设方式、并列回路数、环境温度以及散热条件等计算确定。10kV XLPE 电缆载流量见表 8-1。

表 8-1　83.7/10 (8.7/15) kV XLPE 电缆容许持续载流量

额定电压 U_0/U		8.7/10 (8.7/15) kV											
型号		YJV、YJLV、YJY、YJLY、YJV22、YJLV22、YJV23、YJLV23、JYV32、YJL32、YJV33、YJLV33				YJV、YJLV、YJY、YJLY							
芯数		三芯				单芯							
敷设		空气中		土壤中		空气中				土壤中			
单芯电缆排列方式													
导体材质		铜	铝	铜	铝	铜	铝	铜	铝	铜	铝	铜	铝
标称截面/mm²	25	120	90	125	100	140	110	165	130	150	115	160	120
	35	140	110	155	120	170	135	205	155	180	135	190	145
	50	165	130	180	140	205	160	245	190	215	160	225	175
	70	210	165	220	170	260	200	305	235	265	200	275	215
	95	255	200	265	210	315	240	370	290	315	240	330	255
	120	290	225	300	235	360	280	430	335	360	270	375	290
	150	330	225	340	260	410	320	490	380	405	305	425	330
	185	375	295	380	300	470	365	560	435	455	345	480	370
	240	435	345	445	350	555	435	665	515	530	400	555	435
	300	495	390	500	395	640	500	765	595	595	455	630	490
	400	565	450	520	450	745	585	890	696	680	520	725	565
	500	…	…	…	…	855	680	1030	810	765	595	825	650
环境温度/℃		40		25		40				25			

电缆线路正常运行时导体容许的长期最高运行温度和短路时电缆导体容许的最高工作温度应按照表 8-2 的规定。

表 8-2　长期最高运行温度和短路时电缆导体容许的最高工作温度

电缆类型	电压/kV	最高运行温度/℃	
		额定负荷时	短路时
PVE	≤6	70	160
黏性浸渍纸绝缘	10	70	250①
	35	60	175
不滴流纸绝缘	10	70	250①
	35	65	175
自容式充油电缆（普通牛皮纸）	≤500	80	160
自容式充油电缆（半合成纸）	≤500	85	160
XLPE	≤500	90	250①

① 铝芯电缆短路容许最高温度为 200℃。

8.3.3 电力电缆的选型

（1）电缆绝缘水平。

1）0.4kV 及以下电缆一般选用相间额定电压为 1kV，电缆缆芯与绝缘屏蔽或金属屏蔽之间额定电压为 0.6kV 的电缆。

2）10kV 电缆一般选用相间额定电压为 10kV，电缆缆芯与绝缘屏蔽或金属屏蔽之间额定电压 8.7kV 的电缆。

（2）电缆外护层类型：高、低压电缆一般选用 PVE 护套电缆外护层。防火有低毒性要求时，不宜选用 PVE 电缆，可选用 XLPE 或 EPR 等不含卤素的绝缘电缆。水下或在流砂层、回填土地带等可能出现位移的土壤中，电缆应有钢丝铠装。一般情况下电缆型号、名称及其适用范围，见表 8-3 和表 8-4。

表 8-3　0.4kV 电缆型号、名称及其适用范围

型号		名称	适用范围
铜芯	铝芯		
YJV22-0.6/1 VV22	YJLV22-0.6/1 VLV22	XLPE 绝缘钢带铠装 PVC 护套电力电缆 PVC 绝缘 PE 护套内钢带铠装电力电缆	可用于土壤直埋敷设，能承受机械外力作用，但不能承受大的拉力

续表

型号		名称	适用范围
铜芯	铝芯		
YJY23-0.6/1	YJLY23-0.6/1	XLPE绝缘钢带铠装PE护套电力电缆	可敷设于土壤直埋、水中，能承受机械外力作用，但不能承受大的拉力
YJV32-0.6/1	YJLV32-0.6/1	XLPE绝缘细钢丝铠装PE护套电力电缆	敷设于高落差土壤中，电缆能承受相当大的拉力
YJY33-0.6/1	YJLY33-0.6/1	XLPE绝缘细钢丝铠装PE护套电力电缆	敷设于高落差土壤、水中，电缆能承受相当大的拉力

表8-4　10kV电缆型号、名称及其适用范围

型号	名称	适用范围
YJLY22-8.7/15	XLPE绝缘钢带铠装PVC护套电力电缆	可用于土壤直埋敷设，能承受机械外力作用，但不能承受大的拉力
YJLV23-8.7/15	XLPE绝缘钢带铠装PE护套电力电缆	可敷设于土壤直埋、水中，能承受机械外力作用，但不能承受大拉力
YJLV32-8.7/15	XLPE绝缘细钢丝铠装PVC护套电力电缆	敷设于高落差土壤中，电缆能承受相当大的拉力
YJLV33-8.7/15	XLPE绝缘细钢丝铠装PE护套电力电缆	敷设于高落差土壤、水中，电缆能承受相当大的拉力

（3）电力电缆截面选择。电力电缆缆芯截面选择的基本要求：最大工作电流作用下的缆芯温度，不得超过按电缆使用寿命确定的容许值。持续工作回路的缆芯工作温度：XLPE绝缘电缆不超过90℃，PE绝缘电缆不超过70℃。

（4）对20kV及以下常用电缆按持续工作电流确定允许最小缆芯截面，并考虑环境温度、土地热阻系数、不同管材热阻系数、多根电缆并列敷设等的校正系数。

（5）电缆线路不应过负荷运行，超过时应采取分路措施；电缆线路的运行电流应根据其在电网中的地位留有适当的裕度。

（6）三相四线制系统的电缆中性线截面，应与相线截面相同。

（7）由多根电缆并联装设运行时，宜采用相同材质、相同截面和相同长度的电缆。

8.4 电力电缆的附件

8.4.1 概念

电缆附件，指用于电缆线之间的连接或电缆线路与电气设备之间的连接，保证电能可靠传输的部件。电缆附件集防水、应力控制、屏蔽、绝缘于一体，具有良好的电气性能和机械性能，能在各种恶劣的环境条件下长期使用。

(1) 常用的电缆附件：电缆终端头、电缆中间接头、电缆肘形头。

1) 电缆终端头。在电力电缆线路中连接其他电气设备，且位于一段电缆末端的电缆附件。电缆线路中的电缆，只有配置电缆终端头才能与其他设备（如架空线、变压器及其他配电设备）相连接，终端头示意图如图 8-3 所示。

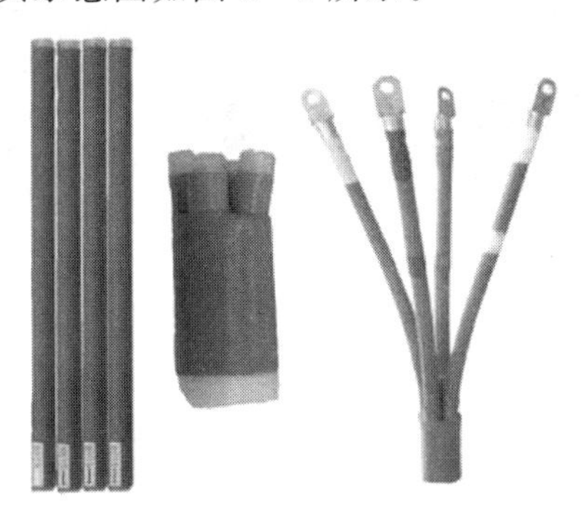

图 8-3 终端头（冷缩）示意图

2) 电缆中间接头。由于电缆制造长度有限，或者电缆在运行中发生击穿修复时，可通过电缆中间接头将各电缆连接起来。电缆中间接头示意图如图 8-4 所示。

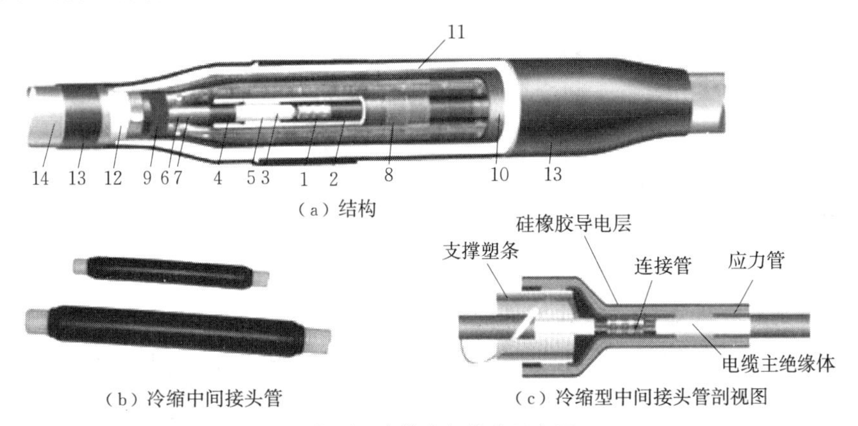

(a) 结构

(b) 冷缩中间接头管

(c) 冷缩型中间接头管剖视图

图 8-4 电缆中间接头示意图

1—连接管；2—半导电带；3—绝缘层；4—半导电层；5—中间接头；6—恒力弹簧；7—铜屏蔽层；8—铜编织线；9—电缆内护套；10—内保护层；11—铜编织线；12—铠装；13—外保护层；14—电缆外护套

3) 电缆肘形头。电缆对接箱用硅橡胶电缆插头的方式完成电缆对接，以往中间接头的死式连接为活式连接方式，提高运行可靠性，方便拆装检修，更适应多种特殊方案的应用：①简化施工，减少人为因素影响，提高运行可靠性；②活式连接，方便拆卸和检测；③可实现不同类型、不同截面的电缆连接；④可“T”接分支，预留后续分支扩展；⑤可实现多回路电缆对接；⑥适应现场情况，安装方式灵活多变。如图 8-5 所示。

(2) 根据安装环境分为户内终端头和户外终端头两种，结构图如图 8-6 所示。

户内终端头是安装在室内环境下（不经受风霜雨雪和阳光照射）运行的电缆终端。

户外终端头是安装在室外环境下（能经受风霜雨雪和阳光照射）运行的电缆终端。

图 8-5　肘形头

（a）NLS型（三芯户内）　　（b）WLS型（三芯户外）

图 8-6　终端头结构图

（3）按照施工工艺可分为热缩式、冷缩式和预制式三种。

1）热缩式电缆附件。热缩材料又被称为高分子形状“记忆”材料，在将其施以外力拉伸或扩张后，骤冷使其维持状态，然后在使用时加热，当温度达到“软化点”后形变马上消失，恢复到原来的形状。热缩附件的使用环境温度为－30～100℃。

2）冷缩式电缆附件。采用机械手段将具有“弹性记忆”效应的橡胶制件在其弹性范围内预先扩张，套入塑料骨架支撑固定。安装时，只需将塑料骨架抽出，橡胶件迅速收缩并紧箍与被包裹物上，使得电气附件的性能更加优异、适应性更强、安装更快捷、运行更可靠。具有安装便利、结构紧凑、性能可靠等优点，是目前配网应用较多的电缆终端头。

3）预制式电缆附件。预制式电缆附件是用高弹性、高韧性的特种橡胶（目前比较常用的有硅橡胶、EPR、三元 EPR）按照电缆本体的尺寸加上一定的过程制作成预制件，安装时将电缆进行简单的预处理，然后用力将预制件套进安装部位即可，国外又叫做推进式电缆附件。预制式电缆附件又可分为组合预制式和整体预制式，区别在于应力锥是否与绝缘套管、接地屏蔽层做成一体，如做成一体的就是整体预制式，否则就是组合预制式。预制式电缆附件的使用环境温度为－50～200℃。

8.4.2　电缆附件的技术要求

电缆附件的型号和规格应与电缆型号如电压、芯数、截面、护层结构和环境要求等一致。

10kV电缆附件的额定电压、载流量应与所连接的10kV电缆屏蔽层额定电压、载流量相匹配。

与紧凑型开关柜（环网柜）的电缆套管底座连接时，应选用预制型电缆终端。如电缆套管底座有接地，应选用全屏蔽可触摸式预制型电缆终端。

1. 绝缘要求

电缆附件的绝缘结构要能满足电缆线路在各种状态下长期、安全、稳定运行的要求，且有一定裕度。所用绝缘材料不应在运行条件下加速老化而导致绝缘电气强度降低。

电缆终端位于电缆线路的末端，在电力系统出现内、外过电压时，侵入波能在末端反射叠加，因此要求电缆终端的绝缘强度不低于电缆本体的绝缘强度。

2. 密封要求

电缆附件的结构要能有效地防止外界水分和有害物质侵入绝缘介质中，并防止接头内部的绝缘剂向外流失，避免"呼吸"现象发生，保持气密性。电缆头必须有可靠的密封，而密封质量又直接取决于密封水平和密封方法。

3. 电缆附件机械强度要求

为抵抗在线路上可遭遇的几种机械应力损伤和短路时的电动应力，电缆附件应有足够的机械强度。固定敷设的电力电缆，其连接点的抗拉强度应不低于导体本身抗拉强度的60%。

4. 电缆附件的电气强度要求

电缆附件要能经受住交流耐压试验。它与安装地点的海拔高度H有关，即当电缆终端在海拔1000m以上地区应用时，试验电压为标准规定的耐受电电压乘以海拔校正系数K_a。其中海拔校正系数为$K_a=1/(1.1-H\times10^{-4})$。

除上述几项基本要求外，电缆附件还应具有结构简单、体积小、质量轻，材料省、成本低、安装维修简便和外观造型良好等特点。

8.5 电缆构筑物

专供敷设电缆或安置附件的电缆沟、电缆排管、电缆保护管、电缆隧道等构筑物统称为电缆构筑物。电缆构筑物除要在电气所满足规程规定的距离外，还必须满足电缆敷设施工、安装固定、附件组装和投运后运行维护、检修试验的需要。

8.5.1 电缆沟

电缆沟由墙体、电缆沟盖板、电缆沟支架、接地装置、集水井等组成。电缆沟按其支架布置方式分为单侧支架电缆沟和双侧支架电缆沟。

电缆沟的墙体根据电缆沟所处位置和地质条件可以选用砖砌、条石、钢筋混凝土等材料。电缆沟盖板通常采用钢筋混凝土材料，也可以采用玻璃钢纤维等复合材料的电缆盖板，达到坚固耐用、美观的目的。

电缆沟的支架通常采用镀锌角钢、不锈钢等金属材料支架和抗老化性能好的复合材料支架。支架应平直、牢固无扭曲，各横撑间的垂直净距与设计偏差不应大于5mm；支架应满足电缆承重要求。位于湿热、盐雾以及有化学腐蚀地区时，金属电缆支架应根据设计做特殊的防腐处理。复合材料支架寿命应不低于电缆使用年限；电缆支架的层间净距不应小于2倍电缆外径加10mm。各支架的同层横挡应在同一水平面上，其高低偏差不应大于5mm。托架支吊架沿桥架走向左右的偏差不应大10mm；在有坡度的电缆沟内或建筑物上安装的电缆支架，应有与电缆沟或建筑物相同的坡度。

8.5.2 电缆排管

电缆排管是把电缆导管用一定的结构方式组合在一起，再用水泥浇筑成一个整体，用于敷设电缆的一种专用电缆构筑物。电缆排管敷设具有占地小、走廊利用率高、安全可靠、对走廊路径要求较低、一次建设电缆可分期敷设等优点。但是电缆在排管内敷设、维修和更换比较困难，电缆接头集中在接头工井内，因空间较小，施工困难。

电缆排管所需孔数，除按电网规划确定敷设电缆根数外，还需有适当备用孔更新电缆用。排管顶部土壤覆盖深度不宜小于0.6m，且与电缆、管道（沟）以及其他构筑物的交叉距离应满足有关规程的要求。排管材料的选择应满足所在环境的要求和电气要求，排管管径应不小于1.5倍电缆外径。

8.5.3 电缆保护管

电缆保护管是指电缆穿入其中后受到保护和发生故障后便与将电缆拉出更换用的管道。在电力电缆线路工程中，经常会遇到需要穿越公路、铁路或者其他管线的地段，这就需要用到电缆保护管。在一些城市道路，为了充分利用走廊，往往采用排管敷设方式，这也要应用大量电缆保护管。

1. 电缆保护管的种类

电缆保护管种类很多，常用的有玻璃纤维增强塑料管（以下简称“玻璃钢管”）、氯化聚氯乙烯塑料（CPVC）及硬聚氯乙烯塑料管（UPVC）、CPVC及UPVC塑料双壁波纹管、纤维水泥管等。从材料上讲，上述保护管分为塑料、纤维水泥、混凝土和钢管；从结构上讲，分为双壁波纹和实壁；从孔数上讲，分单孔和多孔。

2. 电缆保护管的型号

根据《电力电缆用导管　第2部分：玻璃纤维增强塑料电缆导管》（DL/T 802.2—2017）的要求，电缆保护管的型号用三层拼音符号表示。其中：

（1）第一层符号为字冠，统一用D表示电缆用保护管。

（2）第二层符号表示保护管的类型，分别用B、S、X等表示。其中B表示玻璃钢、S表示塑料、X表示纤维水泥。

（3）第三层符号表示保护管的结构形式或成型工艺。实壁结构的符号缺省，双壁波纹结构的符号用S表示。机械缠绕成型的J或JJ表示，手工缠绕成型的用S表示。

型号DBJ200×8×4000－1 SN25E，表示采用机械缠绕成型工艺生产的公称内径为200mm，公称壁厚为8mm，公称长度为4000mm，环刚度等级为SN25的无碱玻璃纤维增强塑料管。

3. 电缆保护管的技术要求

电缆保护管的作用是保护电缆，其总体技术要求是：电缆保护管的内径满足电缆敷设的要求，一般不小于1.5倍电缆外径且不小于100mm；要有足够的机械强度，满足实际工程敷设条件要求；要有良好的耐热性能，要保证电力电缆正常运行和短路情况下电缆保护管的变形在可接受范围内；要有光滑的内表面，保证电缆敷设时有较小的摩擦力并不至于损伤电缆外护层；要有良好的抗渗密封性能。

4. 常用电缆保护管性能及选用注意事项

（1）玻璃钢管。

1）玻璃钢管的特点。玻璃钢管的全称是玻璃纤维增强塑料电缆保护管。它是以热固性树脂为基体，以玻璃纤维无捻粗纱及其制品为增强材料，采用手工缠绕和机械缠绕等工艺制成的管道。由于玻璃钢管具有强度高、重量轻、内外光滑、安装使用方便，耐电腐蚀，高绝缘，耐酸、碱、盐各种介质的腐蚀，耐水，耐热，耐高温、低温，耐老化等优点，近年来被电力系统大量使用，是目前电缆工程使用最多的管材之一。

2）玻璃钢管选用的注意事项。要注意选择合适的原材料和制造工艺。基体材料为不饱和聚酯树脂，增强材料宜使用无碱成分的玻璃纤维无捻粗纱或玻璃纤维无捻粗纱布，严禁使用陶土钢锅生产的含有高碱成分的玻璃纤维无捻粗纱或玻璃纤维无捻粗纱布作增强材料。应尽量选用机械缠绕工艺生产的玻璃钢管，以提高质量稳定性。

（2）PVC管。PVC管也是电缆线路工程常用管材之一。根据选用的材料不同，可分为CPVC管和UPVC管；根据结构不同，可分为实壁管和双壁波纹管。

下面以实壁管为例进行介绍。

1）PVC管的主要技术要求。电缆用PVC管所用原材料应以CPVC树脂和PVC树脂为主，加入有利于提高保护管力学及加工性能的添加剂，混合料中不容许加入增装型剂。保护管颜色应均匀一致，保护管内、外壁不允许有气泡、裂口和明显痕纹、凹陷、杂质、分解变色线以及颜色不均匀等缺陷；保护管内壁应光滑、平整；保护管端面应切割平整并与轴线垂直；插口端外壁加工时容许有不大于1°的脱模斜度，且不得有挠曲现象。保护管的尺寸偏差满足《电力电缆用导管技术条件　第1部分：总则》（DL/T 802.1—2007）的要求。

2）PVC管选用注意事项。PVC管本身环刚度、抗压强度、耐热性能有一定的局限性，因此选用PVC管做电缆保护管时，一定要注意根据保护管敷设的位置、承受的压力等实际情况而采用不同的保护形式。如在城市绿化带等没有受压的地段，可选用PVC管直接回填沙土的埋设方式；而电缆埋设位置在车行道下时，一般不选用PVC管，若不得已选用PVC管，则必须用钢筋混凝土保护。把PVC管当做衬管用，由钢筋混凝土承受压力。

（3）纤维水泥管。纤维水泥电缆保护管是以维纶纤维、海泡石和高标号水泥为主要原材料，经抄取、喷涂、固化等工艺过程制成的管道，它具有摩擦因数低、抗折强度高、热阻系数小、耐腐蚀等优点，可以埋在不同级别的道路中使用，为地下电缆在意外情况下免受外力破坏提供保障。

1）技术要求。纤维水泥电缆保护管中所掺的纤维可以是海泡石、维纶纤维或对保护管性能及人体无害的其他纤维。水泥强度等级不低于42.5级；不得使用掺有煤、碳粉做助磨剂及页岩、粉煤灰做混合材料的普通硅酸盐水泥。

2）选用注意事项。纤维水泥管种类很多，不同种类适用于不同的敷设环境。因此具体选用时应根据工程实际情况区别对待。A类管抗压性能较差，适用于混凝土包封敷设；B类管适用于人行道和绿化带等非机动车道直埋敷设，也适用于有重载车辆通过的机动车道混凝土包封敷设；C类管适用于有重载车辆通过路段（包括高速公路及一级、二级公路）的直埋敷设。

（4）热镀锌钢管。热镀锌钢管是以优质无缝钢管为基管，采用热镀锌工艺在钢管内外表面涂敷镀锌层的钢管。具有强度高的优点；缺点是耐水性差、耐热性差、且钢管是磁性材料，易产生涡流。

1）技术要求。热镀锌钢管的内壁和外表层镀锌层应平滑，无滴瘤、粗糙和锌刺，无起皮、无漏锌、无残留的溶剂渣。

2）选用注意事项。单芯电缆不能以热镀锌钢管作为保护管。

8.5.4 电缆隧道

容纳电力电缆、弱电管线数量较多，有供安装和巡视的通道，有通风、排水、照明等附属设施的电缆构筑物称为电缆隧道。电缆隧道敷设方式具有安全可靠、运行维护检修方便、电缆线路输送容量大等优点，因此在城市负荷密集区、市中心及变电站进出线区经常采用电缆隧道敷设。缺点是造价高、施工复杂、地下占用面积大等。发达国家电缆隧道应用较多，目前国内经济发达的大城市也已逐步应用电缆隧道，一般由政府统一规划出资建造，免费或租赁给各管线单位使用。

第9章　电缆的敷设、安装及验收

9.1　电缆及附件的运输与储存

电缆及其附件的运输、保管，应符合产品标准的要求，应避免强烈振动、倾倒、受潮、腐蚀，确保不损坏箱体外表面以及箱内部件。《电气装置安装工程电缆线路施工及验收规范》(GB 50168—2006)。

9.1.1　电缆及附件的运输

电力电缆通常是缠绕在电缆盘上进行运输、保管和敷设备放的。在运输和装卸电缆盘的进程中，关键的问题是不使电缆遭到损伤、电缆的绝缘遭到毁坏。电缆运输前必须经过检验，电缆盘应牢固结实，电缆紧绕，并进行可靠的固定。在运输装卸过程中，不得使电缆及电缆盘受到损伤。严禁将电缆盘直接由车上推下，电缆盘不应平放运输、平放储存。滚动的方向必须依据电缆盘面上所示箭头方向（顺着电缆的缠紧方向）。

电缆及其附件运抵目的地后，应按下列要求进行检查：

(1) 产品的技术文件应齐全。

(2) 电缆型号、规格、长度应符合订货要求。

(3) 电缆外观不应受损，电缆封端应严密。当外观检查有怀疑时，应进行受潮判断或试验。

(4) 附件部件应齐全，材质质量应符合产品技术要求。

9.1.2　电缆及附件的储存

电缆及其附件如不立即安装，一般都要运到仓库保管安放，电缆及其附件储存时，必需妥善保管，以防形成损伤，影响使用，因而应留意以下几点：

(1) 电缆盘不得平卧放置，并有避免蒙受机械损伤的措施。电缆的两端电缆头封端应密封良好。

(2) 电缆应集中分类存放，并应标明型号、电压、规格、长度。电缆盘之间应有通道。地基应坚实，当受条件限制时，盘下应加垫，存放处不得积水。电缆桥架应分类保管，不得因受力变形。

(3) 为了避免电缆终端头及中间接头等附件和资料受潮、蜕变，应将其寄存在枯燥室内。电缆附件的防潮包装应密封良好。

(4) 电缆终端瓷套在储存时，应有防止受机械损伤的措施。

(5) 储存过程中应定期检查电缆及其附件是否完整齐全。

（6）电缆在保管期间，应定期滚动（夏季 3 个月一次，其他季节可酌情延期）。滚动时，将向下存放盘边滚翻朝上，以免底部受潮腐烂。

（7）电缆储存期限以产品出厂日期为始，一般不宜超过一年半。

9.2 电缆及其附件的安装

电缆附件不同于其他工业产品，工厂不能提供完整的电缆附件产品，只是提供附件的材料、部件，也就是说它必须通过现场安装在电缆上以后才构成实际的、完整的电缆附件。因此，要保持运行中的电缆附件具有良好的性能，不仅要求设计合理、材料的性能质量良好、加工质量可靠，还要求现场安装严格执行工艺标准、安装工艺合理正确。

9.2.1 电力电缆附件连接方法

电力电缆导体连接，是制作安装各种型式电缆头的重要组成部分，它对线路长期安全运行十分重要。电力电缆导体连接方法有压接法、焊接法。导体连接处的要求是在传输电流时温度升高不超过电缆导体温度升高值，并能承受电缆导体允许的张力。连接导体的金具其内径应与电缆线芯相匹配，截面宜为线芯截面的 1.2～1.5 倍。

压接法：采用适当的机械压力使导体之间或导体与连接金具之间取得电气传到的接触界面的方法。采用压接法，要注意压接钳和模具应符合规格要求。这种方法按导体在连接之后是否可拆卸，又可分为夹紧（可拆卸）连接与压缩（不可拆卸）连接两种。配网中主要采用压接法。

焊接法：仅用于小截面的电缆芯连接。

9.2.2 电缆附件密封及处理

电缆接头密封工艺的质量往往直接牵涉电缆接头能否正常安全运行，因此必须重视密封处理这一环节，在设计和安装上应予以充分考虑。

电缆附件密封常用的方法有封铅密封、橡皮压装密封、环氧树脂密封、尼龙绳绑扎密封、自黏性橡胶缠绕包裹密封和热（冷）收缩密封等。

9.2.3 安装注意事项

制作电缆终端和接头前，应熟悉安装工艺资料，做好检查，并符合下列要求：

（1）电缆绝缘状况良好，无受潮，电缆内不得进水。

（2）附件规格应与电缆一致，零部件应齐全无损伤，绝缘材料不得受潮，密封材料不得失效，壳体结构附件应预先组装，清洁内壁，试验密封，结构尺寸符合产品技术要求。

（3）施工用机具齐全，便于操作，表面清洁，消耗材料齐备，清洁塑料绝缘标明的溶剂宜遵循工艺导则准备。

（4）必要时应进行试装配。

（5）电力电缆接地线应采用铜绞线或镀锡铜编织线与电缆屏蔽层的连接，其截面面积不应小于表 9－1 的规定。直埋电缆接头的金属外壳及电缆的金属护层应做防腐处理。

表 9-1　　电缆终端接地线截面　　单位：mm^2

电缆相芯线截面 S	保护地线容许最小截面
$S\leqslant16$	S
$16<S\leqslant35$	16
$S>35$	$S/2$

（6）制作电缆终端和接头，从剥切电缆开始应连续操作直至完成，缩短绝缘暴露时间。剥切电缆时不应损伤线芯和保留的绝缘层。电缆终端和接头应采取加强绝缘、密封防潮、机械保护等措施。6kV 及以上电缆的终端和接头，尚应有改善电缆屏蔽端部电场集中的有效措施，并应确保外绝缘相间和对地距离。

（7）电缆终端上应有明显的相色标识，且应与系统的相位一致。

9.3　电缆敷设方式及要求

市区电缆线路路径应与城市其他地下管线统一安排。通道的宽度、深度应考虑远期发展的要求。路径选择应考虑安全、可行、维护便利及节省投资等条件。沿街道的电缆隧道人孔及通风口等的设置应与环境相协调。有条件时应与市政建设协调建设综合管道。

9.3.1　电缆敷设的方式

电缆敷设方式应根据电压等级、最终数量、施工条件及初期投资等因素确定，可按不同情况采取以下方式：

（1）直埋敷设适用于市区人行道、公园绿地及公共建筑间的边缘地带。

（2）沟槽敷设适用于一般适用于不能直接埋入地下且无机动车负载或电缆数量较多、路径较弯曲的通道。

（3）排管敷设适用于电缆条数较多，且有机动车等重载的地段。

（4）隧道敷设适用于变电所出线及重要街道电缆条数多或多种电压等级平行的地段。隧道应在变电所选址及建设时统一考虑，并争取与城市其他公用事业部门共同建设使用。

（5）电缆路径需要跨越河流时，尽量利用桥梁结构；需要通过桥梁时应与桥梁主管部门协商，确定敷设方式及敷设结构件等有关问题。

（6）水下敷设方式须根据具体工程特殊设计。

9.3.2　电缆敷设的通用要求

电缆在任何敷设方式及其全部路径条件的上下、左右改变部位，都应满足电缆容许弯曲半径的要求。

（1）电缆的弯曲半径，应符合电缆绝缘及其构造特性要求。多芯 XLPE 绝缘电缆的弯曲半径不小于电缆外径的 10 倍。

（2）电力电缆在终端头与接头附近宜适当留有备用长度，备用长度不宜过长。

（3）电缆群敷设在同一通道中位于同侧的多层支架上配置，应符合下列规定：

1）应按电压等级由高至低的顺序排列。

2）支架层数受通道空间限制时，35kV及以下的相邻电压级电力电缆，可排列于同一层支架，1kV及以下电力电缆也可与强电控制和信号电缆配置在同一层支架上。

（4）在电缆登杆（塔）处，凡露出地面部分的电缆应套入具有一定机械强度的保护管加以保护。保护管总长不应小于2.5m，其中埋入地下长度一般为0.3m。

（5）电缆终端头、电缆接头处、电缆管两端、电缆井等处应装设电缆标识牌，标识牌上应注明线路名称及编号、电缆型号、规格及起始点，并联使用的电缆应有顺序号。标识牌的字迹应清晰不易脱落，标识牌应有防腐措施，挂装应牢固。

9.3.3 电缆敷设的具体要求

电缆的敷设方式有直埋、电缆沟、排管、顶管、电缆隧道等，它们有着不同的技术结构特点，因而适应的环境也有较大的区别。

1. 直埋敷设

直埋敷设是指将电缆直接埋设于地面下的敷设方式，其适用于电缆线路不太密集的城市地下走廊，在次干道和支路上采用。电缆埋设深度为0.7～1.5m，覆盖15cm细土或细沙，并用水泥盖板保护。

直埋敷设电缆同路径条数不可过多，参见图9-1。

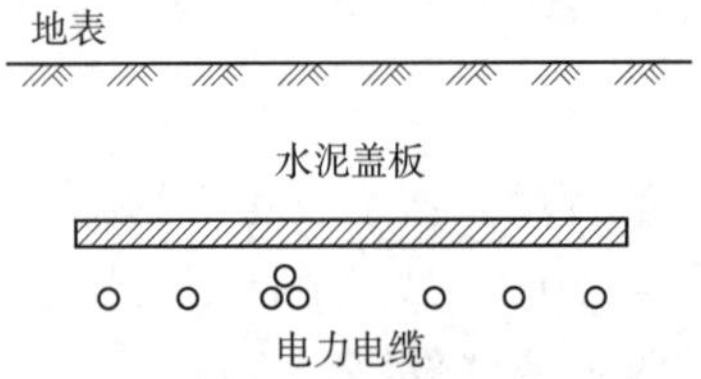

地表

水泥盖板

电力电缆

图9-1　直埋敷设示意图

对直埋式电缆，有以下规定：

（1）直接埋在地下的电缆适用于铠装和交联电缆，在选择直埋电缆线路时，应注意直埋电缆周围的土壤，对有可能出现的电解腐蚀、化学腐蚀、热影响及小动物活动的地点敷设电缆应取防止损伤的措施。

（2）电缆埋置深度（由地面至电缆外皮）0.8m，如电缆穿越农田时，为防止被农业机械挖掘，不应小于1m。

（3）电缆与树干的距离一般不宜少于0.7m。如城市绿化个别地区，达不到上述距离时，可采取措施，由双方协调解决。

（4）电缆与城市管道、公路或铁路交叉时，应敷设于管中或隧道内，管的内径不应小于电缆外径的1.5倍，且不得小于100mm，管顶距路轨底或公路面深度不应小于0.7m，管长除跨越公路或轨道宽度外一般应在两端各伸长2m，在城市街道，管长应伸出车道路面。

（5）电缆直接敷设时，应在电缆沟底铺上一层砖，两边应放砖，电缆敷设以后，上面应铺以100mm的砂层然后盖上一层砖。

（6）直埋电缆自沟引至隧道、人井及建筑物时，应穿在管中，并在管口加以堵塞，以防漏水。

（7）电缆从地下或电缆沟引出地面时，地面上2m的一段应用金属管或罩加以保护，其根部应伸入地面以下0.1m。

（8）地下并列敷设的电缆，其中间接头盒位置须相互错开，其净距不应小于0.5m。

（9）敷设在郊区及空旷地带的电缆线路，应竖立电缆位置标志。

电缆之间、电缆与地面、道路、管道、建筑物之间平行和交叉时的最小容许净距见表9-2。

表 9-2　电缆之间、电缆与地面、道路、管道、建筑物之间平行和交叉的最小容许净距

<table>
<tr><th rowspan="2">序号</th><th rowspan="2" colspan="2">项目</th><th colspan="2">最小容许间距/m</th><th rowspan="2">备　注</th></tr>
<tr><th>平行</th><th>交叉</th></tr>
<tr><td>1</td><td colspan="2">电力电缆相互之间中心距离</td><td>0.2</td><td>0.5</td><td rowspan="7">（1）电力电缆相互之间中心距离和不同使用部门的电缆间这两个项目中，当电缆穿过或用隔板隔开时，平行净距可降低为 0.1m。
（2）在交叉点前后 1m 范围内，如电缆穿入套管或用隔板隔开交叉净距可降低为 0.25m。
（3）虽净距能满足要求，但检修管路可能伤及电缆时，在交叉点 1m 范围内，尚应采取相应措施。
（4）当交叉净距不能满足要求时，应将电缆穿入管中，则其净距减为 0.25m</td></tr>
<tr><td>2</td><td colspan="2">不同使用部门的电缆间</td><td>0.5</td><td>0.5</td></tr>
<tr><td>3</td><td colspan="2">热管道（管沟）及热力设备</td><td>2.0</td><td>0.5</td></tr>
<tr><td>4</td><td colspan="2">油管道（管沟）</td><td>1.0</td><td>0.5</td></tr>
<tr><td>5</td><td colspan="2">可燃气体及易燃液体管道（管沟）</td><td>1.0</td><td>0.5</td></tr>
<tr><td>6</td><td colspan="2">与自来水以及其他管道（管沟）</td><td>1.0</td><td>0.5</td></tr>
<tr><td>7</td><td colspan="2">铁路上轨</td><td>3.0</td><td>1.0</td></tr>
<tr><td rowspan="2">8</td><td rowspan="2">电气化铁路路轨</td><td>交流</td><td>3.0</td><td>1.0</td><td rowspan="8">如不能满足要求，应采取适当的防范措施，特殊情况平行净距可酌减</td></tr>
<tr><td>直流</td><td>10</td><td>1.0</td></tr>
<tr><td>9</td><td colspan="2">公路</td><td>1.5</td><td>1.0</td></tr>
<tr><td>10</td><td colspan="2">农用地面</td><td>—</td><td>1.0</td></tr>
<tr><td>11</td><td colspan="2">城市边路</td><td>1.0</td><td>0.7</td></tr>
<tr><td>12</td><td colspan="2">电杆基础（边线）</td><td>1.0</td><td>—</td></tr>
<tr><td>13</td><td colspan="2">建筑物基础（边线）</td><td>0.6</td><td>—</td></tr>
<tr><td>14</td><td colspan="2">排水沟</td><td>1.0</td><td>0.5</td></tr>
</table>

注　当电缆穿管或者其他管道有防护设施（如管道的保温层等）时，表中净距应从管壁或防护设备的外壁算起。

2. 电缆沟和电缆隧道敷设

电缆沟敷设是指将电缆敷设于预先建好的电缆沟中的安装方式，其适用于地面载重负荷较轻的电缆线路路径，主要使用在主干道上。在结构特点上，电缆采用混凝土或砖砌结构，顶部用盖板覆盖，沟内设单侧或双侧支架。

电缆隧道敷设是指将电缆敷设于地下隧道中的电缆安装方式，其适用于电厂或变电站的进出线通道，电缆并列在 20 根以上的城市重要道路以及有多回路高压电缆从同一地段跨越内河等场所。结构特点上，隧道中有高 1.9～2.0m 的人行通道，有通风、照明和自动排水等装置。隧道应在变电站选址及建设时统一考虑，并争取与城市其他公用事业部门共同建设、使用，如图 9-2 所示。其中：①方形隧道，$h\times b$：2000mm×1800mm；2000mm×2000mm；不超过 3000mm×2500mm；②圆形隧道，直径：2000mm；2500mm；3100mm。如图 9-3 所示。

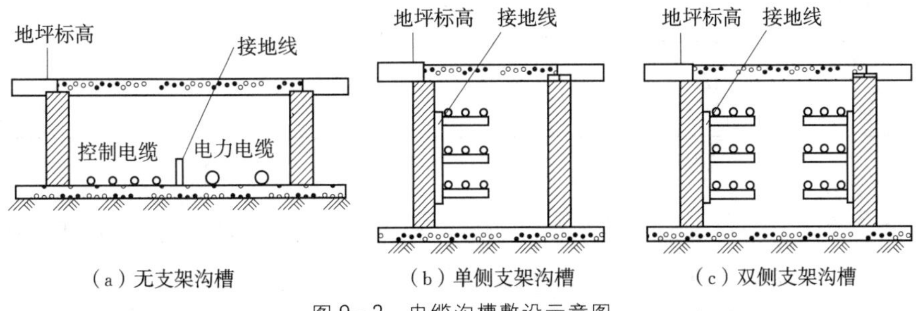

图 9-2　电缆沟槽敷设示意图

对安装在沟内隧道内电缆有以下规定：

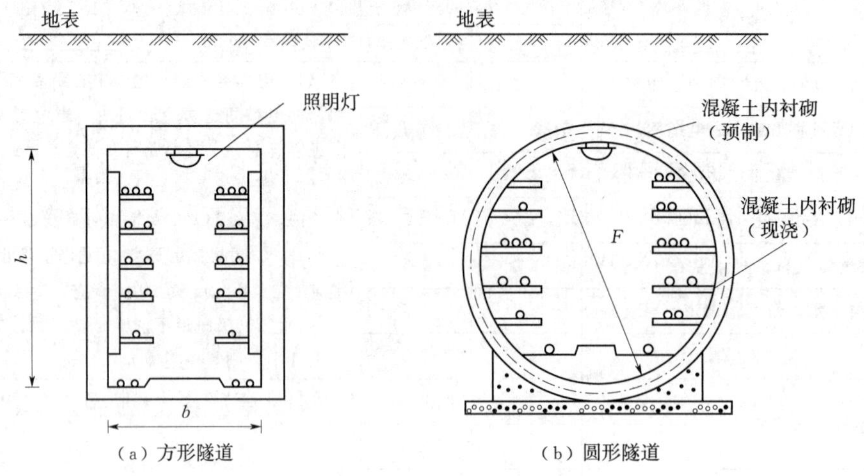

图 9-3　电缆隧道设示意图

(1) 敷设在沟内和不填砂土的电缆沟内的电缆，应采用裸铠装或非易燃性外护套电缆。

(2) 电缆在隧道内和电缆沟内宜保持与其他敷设的电缆同一长度范围内，应采用防火涂料，包带作防火延燃处理。

(3) 电缆固定于建筑物上，水平装置时，电力电缆外径大于 50mm 时，每隔 100mm 宜加支撑，电力电缆外径小于 50mm 时，每隔 600mm 宜加支撑，排成正角形的单芯电缆每隔 1000mm 应用绑带扎牢垂直安装时，电力电缆每隔 1000～1500mm 应加固定。

(4) 电缆隧道和沟的全长应装设有连续的接地线，接地线的两头和接地极联通，接地线的规格应符合《交流电气装置的接地》(DL/T 621—1997) 电缆铅包和铠装除了有绝缘要求以外，应全部互相连接并和接地线连接起来。

(5) 装在户外以及安装在水井，隧道和电缆沟内金属结构物，应全部镀锌或涂以防锈漆。

(6) 电缆隧道和沟应具有良好的排水设施，电缆隧道还应具有良好的照明设施和良好的通风设施。

(7) 电缆沟或隧道内通道净宽不宜小于表 9-3 的规定。

表 9-3　　电缆沟或隧道内通道净宽容许范围

电缆支架配置及通道特征	电缆沟深/mm			电缆隧道/mm
	≤600	600～1000	≥1000	
两侧支架	300	500	700	1000
单列支架与壁间通道	300	450	600	900

3. 排管敷设

电力排管敷设是指将电缆敷设于预先建好的地下排管中的安装方式，其适用于城市交通比较繁忙、有机动车等重载、敷设电缆条数比较多的地段。在结构特点上，排管敷设必须有电力排管和工井两种土建设施。采用这种方式敷设，基本上消除了电缆外力机械损伤的可能性。

排管敷设适用于电缆条数较多，且有机动车等重载地段，如市区道路，穿越公路、穿越小型建筑等。排管敷设电缆同路径条数一般以6～20条为宜，参见图9-4。

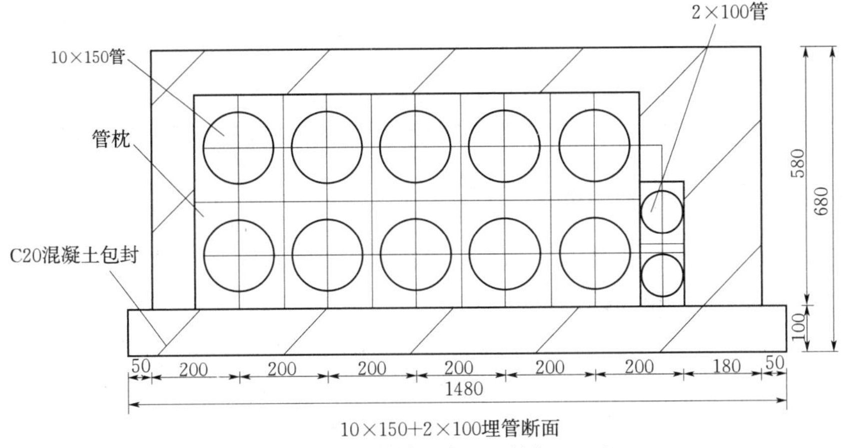

图9-4　电缆排管示意图（单位：mm）

敷设排管应严格执行以下规定：

(1) 排管所需孔数除按电网规划敷设电缆根数外，还需有适当备用孔供更新电缆用。

(2) 排管顶部土壤覆盖深度不宜小于0.5m，且与电缆、管道及其他构筑物的交叉距离满足表9-2的规定。

(3) 排管管径的选择。1孔敷设1根电缆用的管径宜符合以下要求：

$$D \geqslant 1.5d$$

式中　D——管子内径，mm；

d——电缆外径，mm。

(4) 排管尽可能做成直线，如需避让障碍物时，可做成圆弧状排管，但圆弧半径不得小于12m；如使用硬质管，则在两关衔接处折角不得小于2.5°。

(5) 排管通过地基稳定地段，如管子能承受土压和地面动负载，可在管子衔接处用钢筋混凝土或支座做局部加固。通过地基不稳定地段的排管必须在两工井之间用钢筋混凝土做全线加固。

对于电缆敷设方式的选择需结合具体的电缆线路路径环境，应根据统一规划、安全运行和经济合理等原则确定敷设方式和相应的附属土建设施规模。不同敷设方式的技术特点比较见表9-4。

表9-4　　电缆敷设方式技术比较

敷设方式	规划敷设电缆根数	使用范围	优　　势	劣　　势
直埋	6根及以下	次干道、支路	不需要大量的土建工程，施工周期较短	检修维护时需开挖道路，不方便
电缆沟	21根及以下	主干道	易于故障处理和维修，发生外力破坏少	空气散热条件差，电缆容许的载流量比直埋要低

续表

敷设方式	规划敷设电缆根数	使用范围	优　势	劣　势
排管	21根及以下	主干道、次干道	施工相对简单，线路相互影响小，且检修维护方便	土建工程投资较大，工期较长，修理费用较大
电缆隧道	16根及以上	主干道、次干道	散热好，无外力破坏，易于故障处理，可敷设多条电缆	施工复杂，建设工期长，维护量较大

9.3.4　电缆线路防火阻燃施工

对易受外部影响着火的电缆密集场所或可能着火蔓延而酿成严重事故的电缆线路，必须按设计要求的防火阻燃措施施工。

(1) 在电缆穿过竖井、墙壁、楼板或进入电气盘、柜的孔洞处，用防火堵料密实封堵。

(2) 在重要的电缆沟和隧道中，按设计要求分段或用软质耐火材料设置阻火墙。

(3) 对重要回路的电缆，可单独敷设于专门的沟道中或耐火封闭槽盒内，或对其施加防火涂料、防火包带。

(4) 在电力电缆接头两侧及相邻电缆2～3m长的区段施加防火涂料或防火包带，必要时采用高强度防爆耐火槽盒进行封闭。

(5) 按设计设置报警和灭火装置，改扩建工程施工中，对于贯穿已运行的电缆孔洞、阻火墙，应及时恢复封堵。

9.4　敷设施工机具和设备

电缆敷设常用的施工机具和设备主要有穿管机、牵引机、电缆放线架、地滑车、绝缘电阻测试仪、对讲机等，机具和设备数量视施工量大小而定。

9.4.1　挖掘与起重运输机械

(1) 气镐和空气压缩机。气镐是以压缩空气为动力，用镐杆敲凿路面结构层的气动工具。除气镐外，挖掘路面的设备还有内燃凿岩机、象鼻式掘路机等机械。空气压缩机有螺杆式和活塞式两种，通常采用柴油发动机。螺杆式空气压缩机具有噪音较小的优点，较适宜城市道路的挖掘施工。

(2) 水平导向钻机。水平导向钻机是一种能满足在不开挖地表条件下完成管道埋设的施工机械，即通过它实现"非开挖施工技术"。水平导向钻机具有液压控制和电子跟踪装置，能够有效控制钻头的前进方向。

(3) 起重运输机械。起重运输机械包括汽车、吊车和自卸汽车等，用于电缆盘、各种管材、保护盖板和电缆附件的装卸和运输，以及电缆沟余土的外运。

9.4.2　牵引机械

(1) 电动卷扬机。电动卷扬机是由电动机作为动力，通过驱动装置使卷筒回转的机械装置，在电缆敷设时，可以用来牵引电缆。

（2）电缆输送机。电缆输送机包括主机架、点击、变速装置、传动装置和输送轮，是一种电缆输送机械。

9.4.3 其他专用敷设机械和器具

（1）电缆盘支承架、液压千斤顶和电缆盘制动装置。电缆盘支承架一般用钢管或型钢制作，要求坚固，有足够的稳定性和适用于多种电缆盘的通用性。电缆盘支承架上配有液压千斤顶，用以顶升电缆盘和调整电缆盘离地高度及盘轴的水平度。

为了防止由于电缆盘转动速度过快导致盘上外圈电缆松弛下垂，以及满足敷设过程中临时停车的需要，电缆盘应安装有效的制动装置。

（2）防捻器。防捻器是安装在电缆牵引头和牵引钢丝绳之间的连接器，是用钢丝绳牵引电缆时必备的重要器具之一。

（3）电缆牵引头和牵引网套。电缆牵引头是装在电缆端部用作牵引电缆的一种金具，能将牵引钢丝绳上的拉力传递到电缆的导体和金属套。牵引网套用细钢丝绳、尼龙绳和麻绳经编结而成，用于牵引力较小或作辅助牵引。

（4）电缆滚轮。正确使用电缆滚轮，可有效减少电缆的牵引力、侧压力，并避免电缆外护层损伤。一般在电缆敷设路径上每2～3m放置一个，以电缆不拖地为原则。

（5）电缆外护套防护用具。为防止电缆外护套在管径口、工井口等处由于牵引时受理被刮破擦伤，应采用适当防护用具。通常在管孔口安装一副由两个半件组合的防护喇叭，在工井口、隧道、竖井口等处采用波纹聚乙烯管防护，将其套在电缆上。

（6）钢丝绳。在电缆敷设牵引或起吊重物时，通常使用钢丝绳作为连接。

9.5 电缆工程验收

电缆工程属于隐蔽工程，其验收应贯穿于施工全过程中。为保证电缆工程质量，运行部门必须严格按照验收标准对新建电缆线路工程进行中间和竣工验收，每个阶段都必须填写验收记录单，并做好整改记录。

验收时，应按下列要求进行检查：

（1）电缆型号、规格应符合设计规定，排列整齐，无机械损伤，标识牌应装设齐全、正确、清晰。

（2）电缆的固定、弯曲半径、有关距离和单芯电力电缆的金属护层的接线等应符合规程规定，相序排列应与设备连接相序一致，并符合设计要求。

（3）电缆终端、电缆接头应固定牢靠，电缆接线端子与所接设备端子应接触良好，互联接地箱和交叉互联箱的连接点应接触良好可靠。

（4）电缆线路所有应接地的接点应与接地极接触良好，接地电阻值应符合设计要求。

（5）电缆终端的相色应正确，电缆支架等金属部件的防腐层应完好，电缆管口封堵应严密。

（6）电缆沟内应无杂物，无积水，盖板齐全，隧道内应无杂物，照明、通风、排水等设施应符合设计要求。

（7）直埋电缆路径标识，应与实际路径相符，路径标识应清晰、牢固。

（8）水底电缆线路两岸，禁锚区内的标识和夜间照明装置应符合设计要求。

（9）防火措施应符合设计，且施工质量合格。

9.5.1 电缆工程中间验收

中间验收是指在电缆线路施工过程中对土建项目、电缆敷设、电缆附件安装等隐蔽工程进行的验收。施工单位的质量管理部门和运行部门要根据工程施工情况列出检查项目，由验收人员根据验收标准在施工过程中逐项进行验收，填写中间验收单并签字确认。

电缆工程中间验收流程如图 9－5 所示。

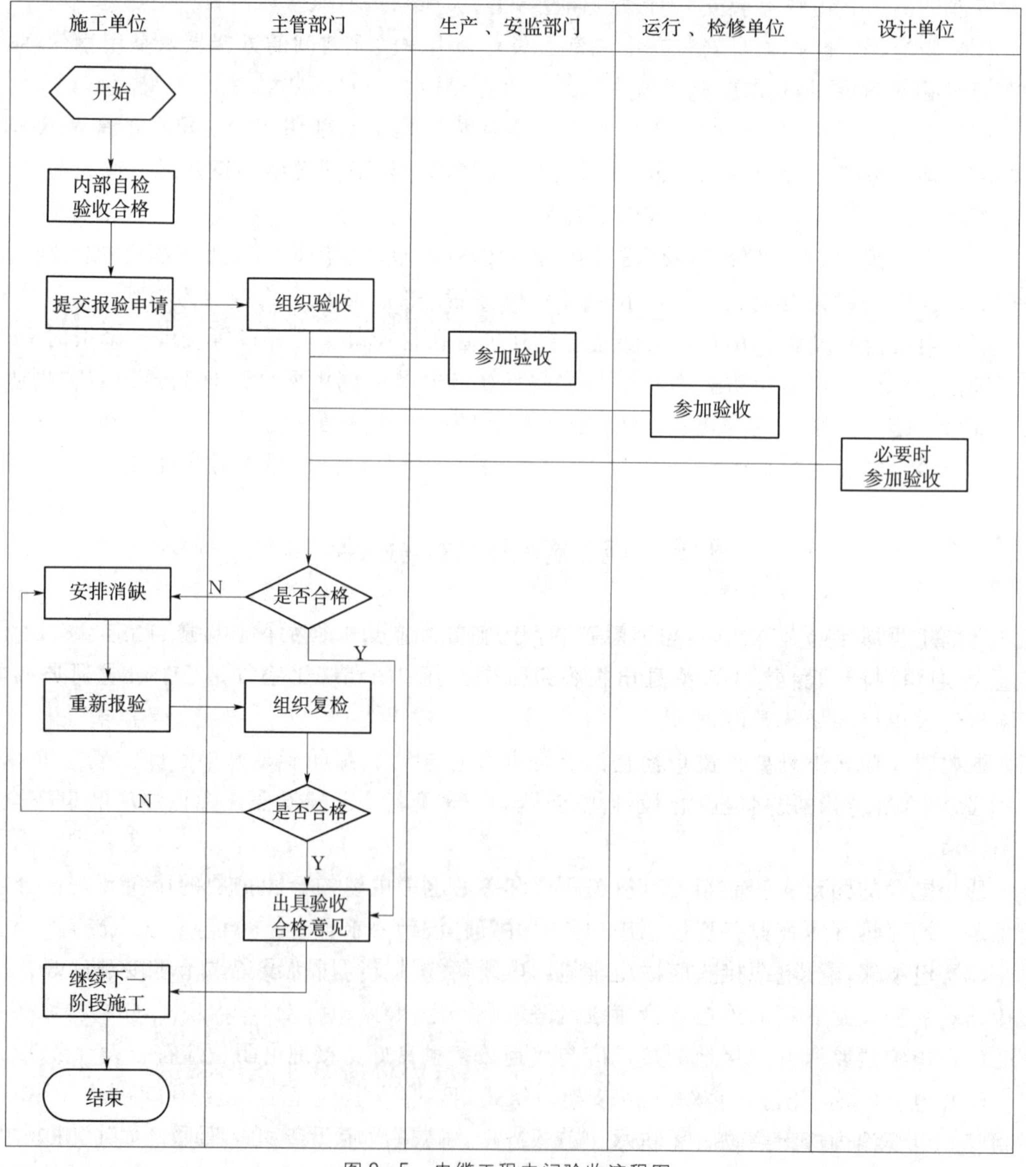

图 9－5 电缆工程中间验收流程图

9.5.2 电缆工程竣工验收

电缆工程竣工验收是指电缆工程全部完成施工，经过施工单位内部验收后，由施工单位向业主单位或者运行部门提交验收申请，完成工程质量评定的验收。在验收中发现的缺陷必须限期完成整改，并重新提交复验申请。工程竣工后1个月内施工单位应向运行单位进行工程资料的移交，运行单位对竣工资料进行验收。

工程竣工报验前应具备以下条件：

（1）工程已完成施工图设计内容施工，经施工单位内部自验合格，并已完成缺陷处理，包括中间验收和技术监督发现的问题。

（2）工程设施的各种图纸、设备产品资料、安装施工记录和试验记录等竣工资料齐全。

（3）现场清理完毕，防雷接地、防火阻燃合格，各类标识牌、警示牌和安全用具等附属设施齐全有效。

（4）施工单位提供除施工安装记录等技术资料外，还需提供工程承包合同、工程开工报告、工程竣工报告、设计变更联系单等资料。业扩工程按业扩管理的相关规定提供相应的工程资料。

电缆工程竣工验收流程如图9-6所示。

9.5.3 10kV 电缆验收的要求

（1）在完成阶段性施工或工程整体完工后，施工单位应组织内部质量验收工作，自检合格并完成中间验收和技术监督等发现的缺陷后（或经监理部门初验合格）再向工程验收主管部门提出申请验收。

（2）施工单位向工程验收主管部门报验时，至少应提前5个工作日按要求提交报验申请和工程资料，并在工程资料中详细列出施工工程量。

（3）工程验收组人员要事先组织对施工单位提交的报验资料进行审查，对审查不合格的报验资料应退回修改重报。

（4）参加验收人员要认真细致，验收中采用持卡验收的方式，对照《电缆工程验收卡》中的条款逐项验收，并核对是否与设计相符、实际工程量是否与报验资料相符，并借助相关工具、仪器或登杆进行检查。

（5）隐蔽工程和需要分阶段验收的工程必须在完成中间验收，工程关键节点要留有相关照片或视频材料证明，经验收组确认符合要求并签字后，才能进入下一阶段的施工。

（6）由验收组汇总整理验收中发现的缺陷和问题，填写工程验收缺陷通知单，向施工单位提出明确的整改要求和整改限期。

（7）施工单位应积极落实验收缺陷通知单中提出的整改要求，按期完成整改后再向工程验收主管部门申请复验。

（8）对验收（复验）合格的工程项目，验收参加人员在相应的验收表上填写意见并签名，并由工程验收主管部门出具是否合格的意见。

（9）工程竣工资料及《电缆工程验收卡》要建立电子文档和纸质文档，纸质文档验收签字后要归档。

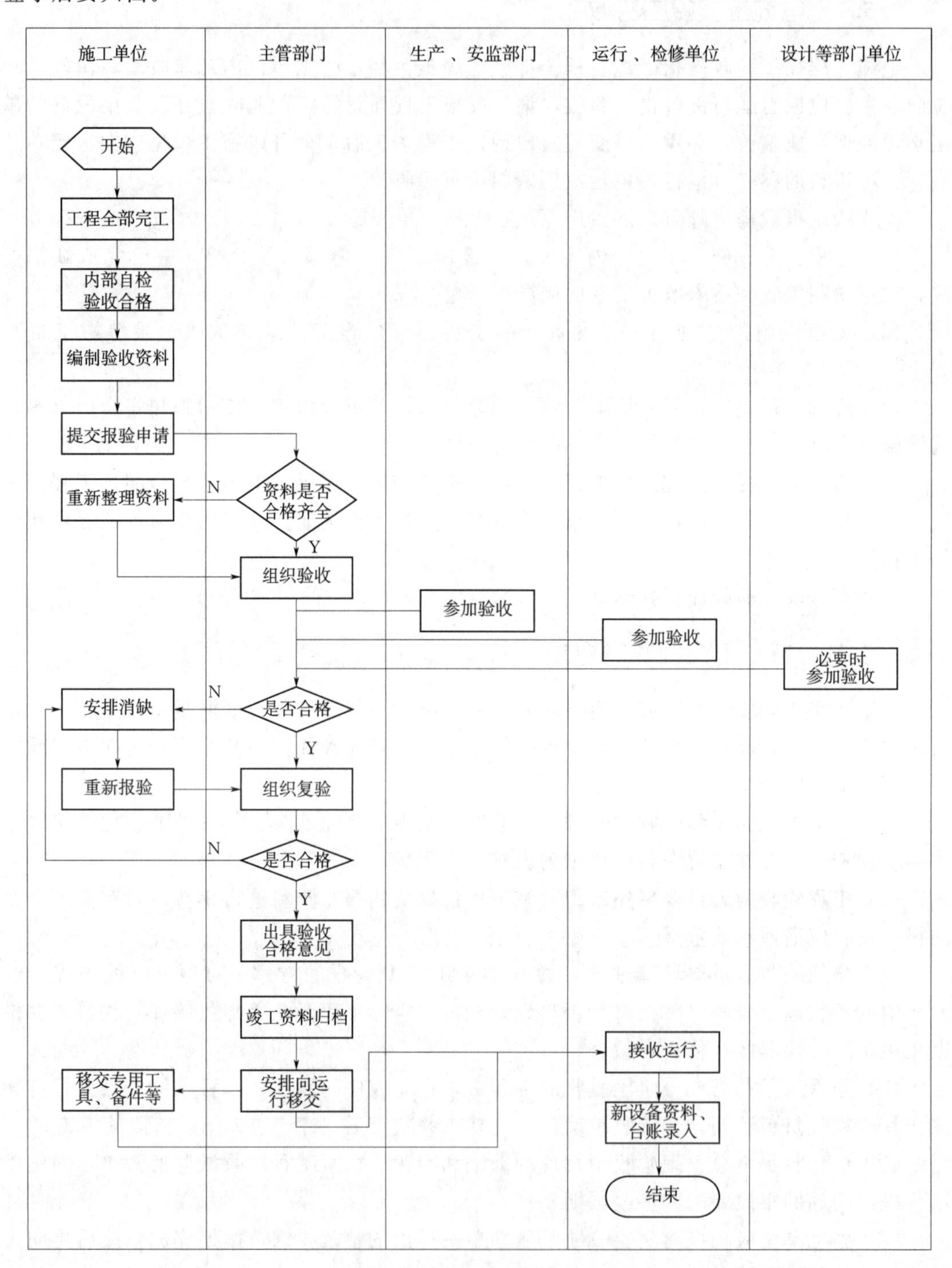

图 9-6 电缆工程竣工验收流程图

《电缆工程验收卡》见表 9-5～表 9-7。

表 9-5　　　　　　　　　　**电缆线路验收卡**

年　　月　　日

工程名称		施工单位		施工负责人	
安装位置或起讫位置		型号/长度/km		生产厂家	

序号	检查项目		合格标准	检查结果
1	基础资料		竣工图、制造厂技术文件（说明书、试验记录、合格证及安装图纸等）、试验记录等原始记录应齐全	
2	土建基础		电缆井、电缆沟、电缆管道等制作及敷设经隐蔽工程中间验收并合格，隐蔽工程的技术资料、施工记录齐全	
3	电缆敷设	外观检查	外观无机械损伤，型号、电压、规格及长度符合设计规定，在终端头和中间头附近留有备用长度	
		敷设路径	符合设计规定	
		电缆弯曲半径	单芯无铠装电缆为电缆外径的 12 倍	
			多芯铠装电缆为电缆外径的 10 倍	
		支持点间距离	水平距离不大于 400mm（有支架的距离不大于 800mm），垂直距离不大于 2000mm	
		电缆固定	固定牢靠，垂直或超过 45°倾斜敷设时，水平敷设时的首末两端、转弯、接头两端。电缆中间接头固定在电缆支架上，两端有预留长度；电缆终端头应固定良好，无受重力及外力现象	
		电缆保护	在室外电缆上杆等引出地面，地坪上 2m 和地坪下 0.3m 范围有保护钢管保护，引入建筑物等浅埋处采取了保护措施	
		电缆沟槽敷设	电缆排列整齐、平直，不交叉	
			高低压电缆分层敷设，交流单芯电缆布置在同侧支架、正三角绑扎固定	
			交流单芯电缆固定夹具不构成闭合磁路	
			沟槽内杂物已清理，电缆盖板完好，缝隙密封	
		直埋敷设	电缆管内径和电缆外径比值不小于 1.5 倍	
			交流单芯电缆三相共穿一管	
			敷设后护套无损伤，破损处已密封修补，电缆敷设应由下至上顺序穿管	
			埋设深度大于 0.7m，车行道或耕地 1.0m	
			与管道、道路和构筑物等不小于容许最小净距	
			应铺以软土或黄砂的保护层，并加盖保护板（混凝土盖板或砖块），保护层上下部厚不小于 100mm，覆盖宽度应超过电缆两侧 50mm	

续表

<table>
<tr><td colspan="3">工程名称</td><td colspan="2"></td><td>施工单位</td><td></td><td>施工负责人</td><td></td></tr>
<tr><td colspan="3">安装位置或起讫位置</td><td colspan="2"></td><td>型号/长度/km</td><td></td><td>生产厂家</td><td></td></tr>
<tr><td>序号</td><td colspan="2">检查项目</td><td colspan="5">合格标准</td><td>检查结果</td></tr>
<tr><td rowspan="6">4</td><td rowspan="6">附件安装</td><td>外观检查</td><td colspan="5">电缆终端、中间接头的型式规格类型应与电缆相一致，所用材料、部件应符合技术要求</td><td rowspan="6"></td></tr>
<tr><td>制作</td><td colspan="5">电缆终端和中间头制作符合工艺要求，尺寸符合厂家规定，中间接头有支架固定</td></tr>
<tr><td>连接金具</td><td colspan="5">连接管、接线端子其内径应与电缆线芯紧密配合，间隙应符合标准，截面宜为线芯截面的1.2～1.5倍</td></tr>
<tr><td rowspan="2">相色标志</td><td colspan="5">压模与导线规格相符，压模数和压入深度符合工艺规范</td></tr>
<tr><td colspan="5">电缆终端相色标识正确，相色标识应与系统的相位一致</td></tr>
<tr><td>接地</td><td colspan="5">屏蔽铜带及铠装钢带应分别引出接地铜辫子</td></tr>
<tr><td rowspan="5">5</td><td rowspan="5">电缆标识</td><td>标牌</td><td colspan="5">电缆两端终端、中间接头、电缆井处悬挂标牌</td><td rowspan="5"></td></tr>
<tr><td>路径标志</td><td colspan="5">应注明线路双重命名、电缆型号规格、起讫点牌、投产日期，标注完整、字迹清晰、不易脱落</td></tr>
<tr><td rowspan="3">电缆终端</td><td colspan="5">标牌应能防腐，挂装牢固</td></tr>
<tr><td colspan="5">电缆路径直线段50～100m（人口稠密处为20m）、接头处、转弯处、进入建筑物等处应有明显标示</td></tr>
<tr><td colspan="5">屏蔽铜带及铠装钢带接地线应分别引出接地连接正确，户外电缆头与避雷器应共同接地</td></tr>
<tr><td>6</td><td colspan="2">防雷接地</td><td colspan="5">屏蔽铜带及铠装钢带接地线应分别引出接地连接正确，户外电缆头与避雷器应共同接地；电缆长度不小于50m时，电缆两端安装避雷器，电缆长度小于50m时，电源侧安装避雷器</td><td></td></tr>
<tr><td rowspan="2">7</td><td colspan="2" rowspan="2">电缆封堵</td><td colspan="5">电缆进出电缆沟、隧道、竖井、建筑物、盘（柜）以及穿入电缆管时，出入口（包括已使用和备用的）封堵良好</td><td rowspan="2"></td></tr>
<tr><td colspan="5">电缆井中电缆出口和备用电缆管口应封闭良好</td></tr>
<tr><td rowspan="2">8</td><td rowspan="2">电缆防火</td><td>封堵位置</td><td colspan="5">进出竖井、墙壁、楼板、盘柜处应采用防火堵料封堵</td><td rowspan="2"></td></tr>
<tr><td>防火材料使用</td><td colspan="5">电缆接头两侧及相邻电缆2～3m长的区段应加防火涂料或防火包带</td></tr>
<tr><td colspan="2">施工负责人</td><td></td><td>验收负责人</td><td colspan="2"></td><td>电缆终端头和中间头制作人员</td><td colspan="2"></td></tr>
<tr><td colspan="2">验收组成员</td><td colspan="7"></td></tr>
</table>

表 9-6 **电缆井施工验收卡**

年　　月　　日

工程名称		施工日期			
安装位置		施工单位			

序号	检查项目	合格标准	检查结果
1	验收时应提交的资料和技术文件	施工日记、竣工图纸、各种材料（水泥、砂、石、砖、钢材等）的出厂合格证、混凝土的试块报告	
2	电缆井的数量	是否符合设计规定	
3	电缆井的长度、宽度深度	应满足电缆弯曲半径要求：单芯长度不小于12倍电缆外径，多芯长度不小于10倍电缆外径；深度应比电缆沟深300mm（偏差－50～100mm）	
4	电缆井的垫层	表面平整，不塌陷；不小于厚度150mm混凝土层（C10）；宽度两边各加不小于150mm	
5	电缆井的砖砌及抹灰	材料是否符合设计规定（75号砖砌体、1∶3的水泥砂浆）；垂度（不大于10mm）；灰缝密实，黏结牢固，墙面整洁（不大于5mm）	
6	电缆井的井圈梁	材料是否符合设计规定（C20）；尺寸为300mm×300mm（容许±3mm），配筋采用（3ϕ20mm＋2ϕ12mm），四边用50mm×5mm的镀锌角钢包角	
7	电缆井的盖板	盖板安装应平整，盖好后与周围地面相平（偏差±5mm）。宽度为0.5m（偏差－5～0mm），厚度为0.25m（偏差0～5mm），长度误差（偏差－5～0mm）；四边用50mm×5mm的镀锌角钢包角，每块盖板应有2只ϕ16mm的吊环，其吊环不得高出板面。载重设备经过等处盖板厚度150～200mm，承受20t汽车；绿化带等人行处盖板厚度80～100mm，容许荷载500kg/m^2	
8	电缆井的排水	是否按规范要求施工；是否有排水设施	
9	电缆井内电缆管出口	电缆导管在电缆井出口应有45°角坡口，外口圆润，备用出口应密封良好，井内无杂物	

施工负责人		验收负责人	
验收组成员			

表 9-7 **电缆沟（排管）施工验收卡**

年　　月　　日

工程名称		施工日期			
起止位置		施工单位			

序号	检查项目	合格标准	检查结果
1	资料和技术文件	施工日记、竣工图纸、各种材料（水泥、砂、石、砖、钢材等）的出厂合格证、混凝土的试块报告	
2	电缆沟（排管）走向	路径走向符合设计规定，直道上每隔40～60m设置一只电缆井	
		电力电缆相互之间以及电力电缆与管道、构筑物等的容许最小间距符合《城市电力电缆线路设计技术规定》（DL/T 5221—2016）要求	
		电缆路径沿线直线段50～100m（人口稠密处为20m）、接头处、转弯处、进入建筑物等处应有标示	

续表

序号	检查项目	合格标准	检查结果
3	电缆沟（排管）的深度、宽度	埋设深度不小于0.7m，车行道或耕地不小于1.0m，位于人行道时不小于0.5m，排管高于电缆井底部不小于300m	
		电缆沟的底宽不小于最外层管径各加200mm，沟底应平整夯实，不沉陷	
4	电缆沟（排管）的垫层	表面平整，不塌陷。直埋敷设：不小于100mm上下砂层；保护管敷设：不小于100mm（C_{10}），底宽不小于最外层管围各加100mm	
5	保护管管径及排水坡度	外层混凝土厚度不小于120mm；管与管间不小于40mm。电缆管应有不大于0.1%的排水坡度	
6	电缆沟沟壁和盖板	沟壁和盖板应满足可能承载和适合环境耐久要求，载重设备经过等处盖板厚度150～200mm，承受20t汽车；绿化带等人行处盖板厚度80～100mm，容许荷载$500kg/m^2$	
7	电缆沟（排管）的回填	按规范要求施工，平整夯实，不沉陷，破损的路面已完成修补	
施工负责人		验收负责人	
验收组成员			

第10章　电缆巡检项目要求及运行维护

10.1　电缆运行维护工作范围

为满足电网和用户不间断供电，以先进科学技术、经济高效手段，提高电缆线路的供电可靠率和电缆线路的可靠率，确保电缆线路安全经济运行，应对电缆线路进行运行维护。

1. 电缆本体及电缆附件

各电压等级的电缆线路（电缆本体）、电缆附件（接头、终端）的日常运行维护。

2. 电缆线路的附属设施

（1）电缆线路附属设备（电缆接地线、电缆支架、信号装置、通风装置、照明装置、排水装置、防火装置）的日常巡查维护。

（2）电缆线路附属其他设备（环网柜、电缆对接箱、电缆分支箱、隔离开关、避雷器）的日常巡查维护。

（3）电缆线路构筑物（电缆沟、电缆管道、电缆井、电缆隧道、电缆竖井、电缆桥梁、电缆架）的日常巡查维护。

10.2　电缆线路运行维护基本内容

10.2.1　电缆线路的巡查

（1）运行部门应根据《中华人民共和国电力法》及有关电力设施保护条例，宣传保护电缆线路的重要性。了解和掌握电缆线路上的一切情况，做好保护电缆线路的反外力损坏工作。

（2）巡查各种电压等级的电缆线路，观察路面状态正常与否。

（3）巡查各种电压等级的电缆线路有无化学腐蚀、电化学腐蚀、虫害鼠害迹象。

（4）对运行电缆线路的绝缘应进行事故预防监督巡查，具体有以下要求：

1）电缆线路载流量应按《电力电缆线路运行规程》（DL/T 1253—2013）中规定，原则上不容许过负荷，每年夏季高温或冬、夏季电网负荷高峰期，多根电缆并列运行的电缆线路载流量巡查及负荷电流监视。

2）电力电缆比较密集和重要的运行电缆线路，进行电缆表面温度测量。

3）电缆线路上，防止绝缘变质预防监视。

10.2.2　电缆线路设备连接点的巡查

（1）户内电缆终端巡查和检修维护。

（2）户外电缆终端巡查和检修维护。

（3）对接箱内终端定期检查与检修维护。

10.2.3 电缆线路附属设备的巡查

（1）各类线架（电缆接地线、交叉互联线、回流线、电缆支架）定期巡查和检修维护。

（2）各类箱型（电缆对接箱、电缆分支箱）定期巡查和检修维护。

（3）各类装置（信号装置、通风装置、照明装置、排水装置、防火装置、供油装置）的巡查，包括以下方面：

1）装有自动信号控制设施的电缆井、隧道、竖井等场所，应定期检查和检修维护。

2）装有自动温控机械通风设施的隧道、竖井等场所，应定期检查和检修维护。

3）装有照明设施的隧道、竖井等场所，应定期检查和检修维护。

4）装有自动排水系统的电缆井、隧道等场所，应定期检查和检修维护。

5）装有自动防火系统的隧道、竖井等场所，应定期检查和检修维护。

6）装有油压监视信号、供油系统及装置的场所，应定期检查和检修维护。

（4）其他设备（环网柜、隔离开关、避雷器）的定期巡查和检修维护。

10.2.4 电缆线路构筑物的巡查

（1）电缆管道和电缆井的定期检查与检修维护。

（2）电缆沟、电缆隧道和电缆竖井的定期检查与检修维护。

（3）电缆桥及过桥电缆、电缆桥架的定期检查与检修维护。

10.3 电缆线路运行维护要求

10.3.1 电缆线路运行维护分析

1. 电缆线路运行状况分析

（1）对有过负荷运行记录或经常处于满负荷或接近满负荷运行电缆线路，应加强电缆绝缘监测，并记录数据进行分析。

（2）要重视电缆线路户内、户外终端及附属设备所处环境，检查电缆线路运行环境和有无机械外力存在，以及对电缆附件及附属设备有影响的因素。

（3）积累电缆故障原因分析资料，调查故障的现场情况和检查故障实物，并收集安装和运行原始资料进行综合分析。

（4）对电缆绝缘老化状况变化的监测，对交联电缆线路运行中的在线监测，记录绝缘检测数据，进行寻找老化特征表现的分析。

2. 制定电缆线路反事故对策

（1）加强运行管理和完善管理机制，对电缆线路安装施工过程控制、电缆线路设备运行前验收把关、竣工各类电缆资料等均作到动态监视和全过程控制。

（2）改善电缆线路运行环境，消除对电缆线路安全运行构成威胁的各种环境影响因素和其他影响因素。

（3）使电缆线路安全经济运行，对电缆线路运行设备老化等状况，应有更新改造具体方案和实施计划。

（4）使电缆线路适应电网和用户供电需求，对不适应电网和用户供电需求的电缆线路，应重新规划布局，实施调整。

10.3.2 电缆线路运行技术资料管理

（1）电缆线路的技术资料管理是电缆运行管理的重要内容之一。电缆线路工程属于隐蔽工程，电缆线路建设和运行的全部文件和技术资料，是分析电缆线路在运行中出现的问题和确定采取措施的技术依据。

（2）建立电缆线路一线一档的管理制度，每条线路技术资料档案包括以下资料：

1）原始资料。电缆线路施工前的有关文件和图纸资料存档。

2）施工资料。电缆和附件在安装施工中的所有记录和有关图纸存档。

3）运行资料。电缆线路在运行期间逐年积累的各种技术资料存档。

4）共同性资料。与多条电缆线路相关的技术资料存档。

（3）电缆线路技术资料保管。由电力电缆运行管理部门根据国家档案法、国家质量技术监督局发布的《科学技术档案案卷构成的一般要求》（GB/T 11822—2008）等法规，制定电缆线路技术资料档案管理制度。

10.3.3 电缆线路运行信息管理

（1）建立电缆线路运行维护信息计算机管理系统，做到信息共享，规范管理。

（2）运行部门管理人员和巡查人员应及时输入和修改电缆运行计算机管理系统中的数据和资料。

（3）建立电缆运行计算机管理的各项制度，做好运行管理和巡查人员计算机操作应用的培训工作。

（4）电缆运行信息计算机管理系统设有专人负责电缆运行计算机硬件和软件系统的日常维护工作。

10.4 电缆线路运行维护技术规程

10.4.1 电缆线路基本技术规定

（1）电缆线路的最高点与最低点之间的最大允许高度差应符合电缆敷设技术规定。

（2）电缆的最小弯曲半径应符合电缆敷设技术规定。

（3）电缆在最大短路电流作用时间内产生的热效应，应满足热稳定条件。系统短路时，电缆导体的最高允许温度应符合相关技术规定。

（4）电缆正常运行时的长期允许载流量，应根据电缆导体的工作温度、电缆各部分的损耗和热阻、敷设方式、并列条数、环境温度以及散热条件等加以计算确定。电缆在正常运行时不容许过负荷。

(5) 电缆线路运行中，不允许将三芯电缆中的一芯接地运行。

(6) 电缆线路的正常工作电压，一般不得超过电缆额定电压15%。电缆线路升压运行，必须按升压后的电压等级进行电气试验及技术鉴定，同时需经技术主管部门批准。

(7) 电缆终端引出线应保持固定，其带电裸露相与相之间部分乃至相对地部分的距离应符合技术规定。

(8) 运行中电缆线路接头，终端的铠装、金属护套、金属外壳应保持良好的电气连接，电缆及其附属设备的接地要求应符合《电气装置安装工程　接地装置施工及验收规范》(GB 50169—2016)。

(9) 对运行电缆及其附属设备可能着火蔓延导致严重事故，以及容易受到外部影响波及火灾的电缆密集场所，必须采取防火和阻止延燃的措施。

(10) 电缆线路及其附属设备、构筑物设施，应按周期性检修要求进行检修和维护。

10.4.2 电缆线路安装技术规定

(1) 电缆直接埋在地下，对电缆选型、路径选择、管线距离、直埋敷设等的技术要求。

(2) 电缆安装在沟道及隧道内，对防火要求、容许间距、电缆固定、电缆接地、防锈、排水、通风、照明等技术要求。

(3) 电缆安装在桥梁构架上，对防振、防火、防胀缩、防腐蚀等的技术要求。

(4) 电缆敷设在排管内，对电缆选型、排管材质、电缆工作井位置等的技术要求。

(5) 电缆敷设在水底，对电缆铠装、埋设深度、电缆保护、平行间距等的技术要求。

(6) 电缆安装的其他要求，如对气候低温电缆敷设、电缆防水、电缆终端相间及对地距离、电缆线路铭牌、安装环境等的技术要求。

10.4.3 电缆线路运行故障预防技术规定

(1) 电缆化学腐蚀是指电缆线路埋设在地下，因长期受到周围环境中的化学成分影响，逐渐使电缆的金属护套遭到破坏或交联聚乙烯电缆的绝缘产生化学树枝，最后导致电缆异常运行甚至发生故障。

(2) 电缆电化学腐蚀是指电缆运行时，部分杂散电流流入电缆，沿电缆的外导电层(金属屏蔽层、金属护套、金属加强层)流向整流站的过程中，其外导电层逐步受到破坏，因长期受到周围环境中直流杂散电流的影响，最后导致电缆异常运行甚至发生故障。

(3) 电缆线路应无固体、液体、气体化学物质引起的腐蚀生成物。

(4) 电缆线路应无杂散(直流)电流引起的电化学腐蚀。

(5) 直接埋设在地下的电缆线路塑料外护套遭受白蚁、老鼠侵蚀情况，应及时报告当地相关部门采取灭治处理。

(6) 电缆运行部门应了解有腐蚀危险的地区，必须对电缆线路上的各种腐蚀作分析，并有专档记载腐蚀分析资料。设法杜绝腐蚀的来源，及时采取防止对策，并会同有关单位，共同做好防腐蚀工作。

10.5 电缆线路巡查的一般规定

10.5.1 电缆线路巡查目的

对电缆线路巡查目的是监视和掌握电缆线路和所有附属设备的运行情况，及时发现和消除电缆线路和所有附属设备异常和缺陷，预防事故发生，确保电缆线路安全运行。

10.5.2 设备巡查的方法及要求

1. 巡查方法

巡查人员在巡查中一般通过查看、听嗅、检测等方法对电缆线路设备进行检查，见表10-1。

表10-1 电缆设备巡检项目及要求

方法	电缆设备	正常状态	异常及原因分析
查看	电缆设备外观	设备外观无变化，无移位	终端设备外观渗漏、连接处松弛及风吹摇动、相间或相对地距离狭小等
	电缆设备位置	电缆线路走向位置上无异物，电缆支架坚固，电缆位置无变化	电缆走向位置上有打桩、挖掘痕迹等。支架腐蚀锈烂、脱落。电缆跌落移位等
	电缆线路压力或油位指示	压力指示在上限和下限之间或油位高度指示在规定值范围内	压力指示高于上限或低于下限，有油位指示低于规定值等
	电缆线路信号指示	信号指示无闪烁和警示	信号闪烁，或出现警示，或信号熄灭等
听嗅	电缆终端设备	均匀的嗡嗡声	电缆终端处啪啪等异常声音，电缆终端对地放电或设备连接点松弛等
	电缆设备气味	无塑料焦煳味	有塑料焦煳味等异常气味，电缆绝缘过热熔化等
检测	测量：电缆设备温度（红外线测温仪、红外热成像仪、热电偶、压力式温度表）	电缆设备温度小于电缆长期容许运行温度	超过容许运行温度可能有的原因：①电缆终端设备连接点松弛；②负荷骤然变化较大；③超负荷运行等
	检测：单芯电缆接地电流	单芯电缆接地电流（环流）小于该电缆线路计算值	接地电流（环流）大于该电缆线路计算值

2. 安全事项

(1) 电缆线路设备巡查时，必须严格遵守《国家电网公司电力安全工作规程（线路部分）》和企业管理标准相关规定，做到不漏巡、错巡，不断提高电缆线路设备巡查质量，防止设备事故发生。

(2) 容许单独巡查高压电缆线路设备的人员名单应经安监部门审核批准，新进人员和实习人员不得单独巡查电缆高压设备。

(3) 巡查电缆线路户内设备时应随手关门，不得将食物带入室内，电站内禁止烟火，巡查高压电缆装设备时，应戴安全帽并按规定着装，应按规定的路线、时间进行。

3. 巡查质量

(1) 巡查人员应按规定认真巡查电缆线路设备，对电缆线路设备异常状态和缺陷做到及时发现，认真分析，正确处理，做好记录并按电缆运行管理程序进行汇报。

(2) 电缆线路设备巡查应按季节性预防事故特点，根据不同地区、不同季节的巡查项目检查侧重点不同进行。例如，电缆进入电站和构筑物内的防水、防火、防小动物；冬季的防暴风雪、防寒冻、防冰雹；夏季的雷、雨、雾和沙尘天气的防污闪、防渗水漏雨；构筑物内的照明通风设施、排水防火器材是否完善等。

10.5.3 电缆线路巡查周期

1. 电缆线路及电缆线段巡查

(1) 敷设在土中、隧道中以及沿桥梁架设的电缆，每3个月至少检查一次，根据季节及基建工程特点，应增加巡查次数。

(2) 电缆竖井内的电缆，每半年至少检查一次。

(3) 变电所、配电站的电缆沟、隧道、电缆井、电缆架及电缆线段等的巡查，至少每3个月一次。

(4) 对挖掘暴露的电缆，按工程情况，酌情加强巡视。

2. 电缆终端附件和附属设备巡查

(1) 电缆终端头，由现场根据运行情况进行状态检修。

(2) 对于污秽地区的主设备户外电线终端，应根据污秽地区的定级情况及清扫维护要求巡查。

3. 电缆线路上构筑物巡查

(1) 电缆线路上的电缆沟、电缆排管、电缆井、电缆隧道、电缆桥梁、电缆架应每3个月巡查一次。

(2) 电缆竖井应每半年巡查一次。

(3) 电缆构筑物中，电缆架包含电缆支架和电缆桥架。

4. 电缆线路巡查周期

电缆线路巡查周期见表10-2。

表10-2　　电缆线路巡查周期表

巡查项目	巡查周期
电缆线路及电缆线段（敷设在土壤中、隧道中及桥梁架设）	不超过3个月
变电所、配电站的电缆沟、电缆井、电缆架及电缆线段	不超过3个月
电缆竖井	不超过6个月
户内、户外电缆终端头	不超过3个月

注　无明确规定巡查周期的电缆线路及附属设备，如对接箱、电缆排管、环网柜、隔离闸刀、避雷器等，各地可结合本地区的实际情况，制订相适应的巡查周期。

10.5.4 电缆线路巡查分类

电缆线路设备巡查分为周期巡查，故障、缺陷的巡查，异常天气的特别巡查，电网保电特殊巡查等。

1. 周期巡查

（1）周期巡查是按规定周期和项目进行的电缆线路设备巡查。

（2）周期巡查项目包括电缆线路本体、电缆终端附件、电缆线路附属设备、电缆线路上构筑物等。

（3）周期巡查结果应记录在运行周期巡查日志中。

2. 故障、缺陷的巡查

（1）故障、缺陷的巡查是在电缆线路设备出现保护动作，或线路出现跳闸动作，或发现电缆线路设备有严重缺陷等情况下进行的电缆线路设备重点巡查。

（2）故障、缺陷的巡查项目包括电缆线路本体、电缆终端附件、电缆线路附属设备等。

（3）故障、缺陷的巡查结果应记录在运行重点巡查交接日志中。

3. 异常天气的特别巡查

（1）异常天气的特别巡查是在暴雨、雷电、狂风、大雪等异常气候条件下进行的电缆线路设备特别巡查。

（2）异常天气的特别巡查项目包括电缆终端附件、电缆线路附属设备等。

（3）异常天气的特别巡查结果应记录在运行特别巡查交接日志中。

4. 电网保电特殊巡查

（1）电网保电特殊巡查是在因电缆线路故障造成单电源供电运行方式状态、特殊运行方式、特殊保电任务、电网异常等特定情况下进行的电缆线路设备特殊巡查。

（2）电网保电巡查项目包括电缆线路本体、电缆终端附件、电缆线路附属设备等。

（3）电网保电巡查结果应记录在运行特殊巡查日志中。

10.6 电缆线路巡查流程

电缆线路巡查包括巡查安排、巡查准备、核对设备、检查设备、巡查汇报等部分内容。

电缆线路巡查流程如图 10－1 所示。

（1）巡查安排。设备巡查工作安排，依据巡查人员管辖的责任设备和责任区域，明确巡查任务的性质（周期巡查、交接班巡查、特殊巡查），并根据现场情况提出安全注意事项。特殊巡查还应明确巡查的重点及对象。

（2）巡查准备。根据巡查性质，检查所需使用的钥匙、工器具、照明器具以及测量仪器具是否正确、齐全；检查着装是否符合安全工作规程规定；检查巡查人员对巡查任务、注意事项和重点是否清楚。

（3）核对设备。开始巡查电缆设备，巡查人员记录巡查开始时间；设备巡查应按巡查

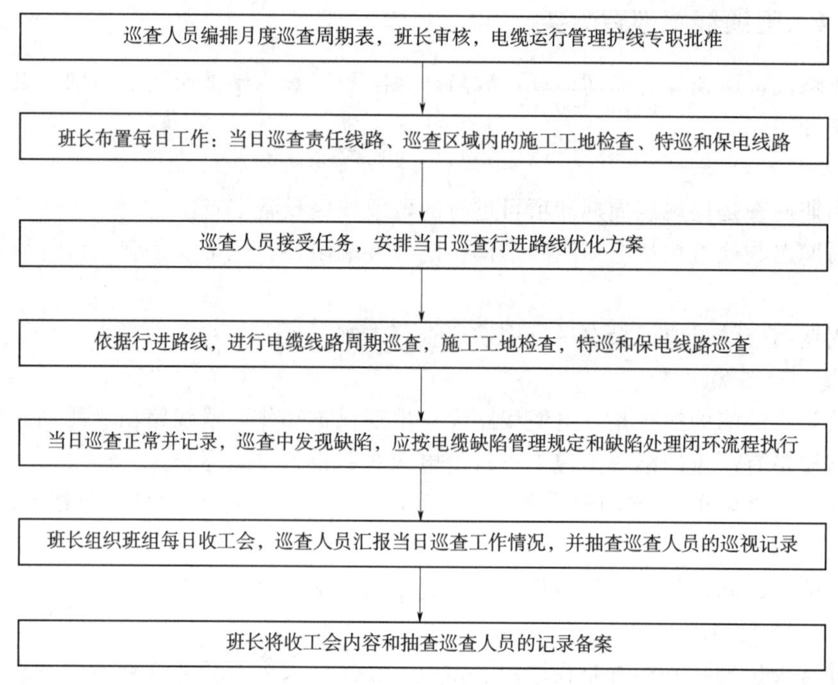

图 10－1　电缆线路巡查流程图

性质、责任、设备、项目内容进行，不得漏巡；到达巡查现场后，巡查人员根据巡查内容认真核对电缆设备铭牌。

（4）检查设备。设备巡查时，巡查人员根据巡查内容，逐一巡查电缆设备部位；依据巡查性质逐项检查设备状况，并将巡查结果做记录；巡查中发现紧急缺陷时，应立即终止其他设备巡查，仔细检查缺陷情况，详细记录在运行工作记录簿中；巡查中，巡查负责人应做好其他巡查人的安全监护工作。

（5）巡查汇报。全部设备巡查完毕后，由巡查责任人填写巡查结束时间，巡查性质，所有参加巡查人，分别签名；巡查发现的设备缺陷，应按照缺陷管理进行判断分类定性，并详细向上级（电缆设备运行专职、技术负责）汇报设备巡查结果。

10.7　电缆线路的巡查项目及要求

10.7.1　电缆线路及线段的巡查

1. 电缆线路的外观环境状态巡查

（1）对电缆线路及线段，察看路面正常，无挖掘痕迹、打桩及路线标志牌完整无缺等。

（2）敷设在地下的直埋电缆线路上，不应堆置瓦砾、矿渣、建筑材料、笨重物件、酸碱性排泄物或砌堆石灰坑等。

（3）在直埋电缆线路上的松土地段通行重车，除必须采取保护电缆措施外，应将该地段详细记入守护记录簿内。

2. 电缆线路有无化学腐蚀、电化学腐蚀、虫害鼠害等巡查

（1）巡查电缆线路有被腐蚀状或嗅到电缆线路附近有腐蚀性气味时，采用 pH 值化学分析来判断土壤和地下水对电缆的侵蚀程度（如土壤和地下水中含有有机物、酸、碱等化学物质，酸与碱的 pH 值小于 6 或大于 8 等）。

（2）巡查电缆线路时，发现电缆金属护套铅包（铝包）或铠装呈淡黄或淡粉红的白色，一般可判定为化学腐蚀。

（3）巡查电缆线路时，发现电缆被腐蚀的化合物呈褐色的过氧化铅时，一般可判定为阳极地区杂散电流（直流）电化学腐蚀，发现电缆被腐蚀的化合物呈鲜红色（也有呈绿色或黄色）的铅化合物时，一般可判定为阴极地区杂散电流（直流）电化学腐蚀。

（4）当发现电缆线路有腐蚀现象时，应调查腐蚀来源，设法从源头上切断，同时采取适当防腐措施，并在电缆线路专档中记载发现腐蚀、化学分析、防腐处理的资料。

（5）对已运行的电缆线路，巡查中发现沿线附近有白蚁繁殖，应立即报告当地白蚁防治部门灭蚁，采用集中诱杀和预防措施，以防运行电缆受到白蚁侵蚀。

（6）巡查电缆线路时，发现电缆有鼠害咬坏痕迹，应立即报告当地卫生防疫部门灭鼠，并对已经遭受鼠害的电缆进行处理，亦可更换防鼠害的高硬度特殊护套电缆。

3. 电缆线路负荷监视巡查

运行部门在每年夏季高温或冬、夏季电网负荷高峰期间，通过测量和记录手段，做好电缆线路负荷巡查及负荷电流监视工作。

目前较先进的运行部门与电力调度的计算机联网（也称为 PMS 系统），随时可监视电缆线路负荷实时曲线图，掌握电缆线路运行动态负荷。

电缆线路过负荷反映出来的损坏部件大体可分为下面 5 类：

（1）造成导体接点的损坏，或是造成终端头外部接点的损坏。

（2）因过热造成固体绝缘变形，降低绝缘水平，加速绝缘老化。

（3）使金属铅护套发生龟裂现象，整条电缆铅包膨胀，在铠装隙缝处裂开。

（4）电缆终端盒和中间接头盒胀裂，是因为灌注在盒内的沥青绝缘胶受热膨胀所致，在接头封铅和铠装切断处，其间露出的一段铅护套，可能由于膨胀而裂开。

（5）电缆线路过负荷运行带来加速绝缘老化的后果，缩短电缆寿命和导致电缆金属护套的不可逆膨胀，并会在电缆护套内增加气隙。

4. 运行电缆要检查外皮的温度状况

（1）电缆线路温度监视巡查，在电力电缆比较密集和重要的电缆线路上，可在电缆表面装设热电偶测试电缆表面温度，确定电缆无过热现象。

（2）应选择在负荷最大时和在散热条件最差的线段（长度一般不少于 10m）进行检查。

（3）电缆线路温度测温点选择，在电缆密集和有外来热源的地域可设点监视，每个测量地点应装有两个测温点，检查该地区地温是否已超过规定温升。

（4）运行电缆周围的土壤温度按指定地点定期进行测量，夏季一般每 2 周一次，冬、夏负荷高峰期间每周一次。

（5）电缆的允许载流量在同一地区随着季节温度的变化而不同，运行部门在校核电缆

线路的额定输送容量时，为了确保安全运行，按该地区的历史最高气温、地温和该地区的电缆分布情况，作出适当规定予以校正（系数）。

10.7.2 电缆终端附件的巡查

1. 户内户外电缆终端巡查

（1）电缆终端无电晕放电痕迹，终端头引出线接触良好，无发热现象，电缆终端接地线良好。

（2）电缆线路铭牌正确及相位颜色鲜明。

（3）电缆中间接头铠装层有无裂纹，表面无放电痕迹。

（4）电缆保护管，靠近地面段电缆无被车辆撞碰痕迹。

2. 电缆线路绝缘监督巡查

（1）对交联电缆绝缘变质事故的预防巡查，采用在线检测等方法来探测交联聚乙烯电缆绝缘性能的变化。

（2）对交联聚乙烯电缆在任何情况下密封部位巡查，防止水分进入电缆本体产生水树枝渗透现象。

（3）对交联聚乙烯电缆线路运行故障的电缆绝缘进行外观辨色和切片检测。

10.7.3 电缆线路附属设施的巡查

1. 对地面电缆对接箱、电缆分支箱巡查

（1）核对对接箱铭牌无误，检查周围地面环境无异常，如无挖掘痕迹、无地面沉降。

（2）检查通风及防漏情况良好。

（3）检查门锁及螺栓、铁件状况。

（4）对接箱内电缆终端的检查内容与户内终端相同。

2. 对电缆线路附属设备巡查

（1）装有自动温控机械通风设施的隧道、竖井等场所巡查，内容包括排风机的运转正常，排风进出口畅通，电动机绝缘电阻、控制系统继电器的动作准确，绝缘电阻数值正常，表计准确等。

（2）装有自动排水系统的工井、隧道等的巡查，内容包括水泵运转正常，排水畅通，逆止阀正常，电动机绝缘电阻，控制系统继电器的动作准确，自动合闸装置的机械动作正常，表计准确等。

（3）装有照明设施的隧道、竖井等场所巡查，内容包括照明装置完好无损坏，漏电保护器正常，控制系统继电器的动作准确，绝缘电阻数值正常，表计、开关准确并无损坏等。

（4）装有自动防火系统的隧道、竖井等场所巡查，内容包括报警装置测试正常，控制系统继电器的动作准确，绝缘电阻数值正常，表计准确等。

10.7.4 电缆线路上构筑物巡查

（1）工井和排管内的积水无异常气味。电缆支架及挂钩等铁件无腐蚀现象。井盖和井内通风良好，井体无沉降、裂缝。工井内电缆位置正常，电缆无跌落，接地良好。

（2）电缆沟、隧道和竖井的门锁正常，进出通道畅通。隧道内无渗水、积水。

（3）隧道内的电缆要检查电缆位置正常，电缆无跌落。电缆和接头的金属护套与支架间的绝缘垫层完好，在支架上无硌伤，支架无脱落。

（4）隧道内电缆防火包带、涂料、堵料及防火槽盒等完好，防火设备、通风设备完善正常，并记录室温。

（5）隧道内电缆接地良好，隧道内照明设施完善。

（6）通过市政桥梁的电缆及专用电缆桥的两边电缆不受过大拉力。桥梁两边电缆无龟裂及腐蚀。

（7）通过市政桥梁的电缆及专用电缆桥的电缆保护管、槽未受撞击或外力损伤。电缆铠装护层完好。

10.7.5 电缆线路上施工保护区的巡查

（1）运行部门和运行巡查人员必须了解和掌握全部运行电缆线路上的施工情况，宣传保护电缆线路的重要性，并督促和配合挖掘、钻探等有关单位切实执行《中华人民共和国电力法》和当地政府颁布的有关地下管线保护条例或规定，做好电缆线路反外力损坏防范工作。

（2）在高压电缆线路和郊区挖掘、钻探施工频繁的电缆线路上，应设立明显的警告标识牌。

（3）在电缆线路和保护区附近施工，护线人员应对施工所涉及范围内的电缆线路进行交底，认真办理《地下管线交底卡》，并提出保护电缆的措施。

（4）凡因施工必须挖掘而暴露的电缆，应由护线人员在场监护配合，并应告知施工人员有关施工注意事项和保护措施。配合工程结束前，护线人员应检查电缆外部情况是否完好无损，安放位置是否正确。待保护措施落实后，方可离开现场。

（5）在施工配合过程中，发现现场出现严重威胁电缆安全运行的施工，应立即制止，并落实防范措施，同时汇报有关领导。

（6）运行部门和运行巡查人员应定期对护线工作进行总结，分析护线工作动态，同时对发生的电缆线路外力损坏故障和各类事故进行分析，制定防范措施和处理对策。

10.8 危险点分析

巡查电缆线路时，防止人身、设备事故的危险点预控分析和预控措施见表10－3。

表10－3　　电缆线路设备巡查的危险点分析和预控措施

序号	危险点	预控措施
1	人身触电	（1）巡查时应与带电电缆设备保持足够的安全距离：10kV及以下，大于0.7m。 （2）巡查时不得移开或越过有电电缆设备遮栏
2	有害气体燃爆中毒	（1）下电缆井巡查时，应配有可燃和有毒气体浓度显示的报警控制器。 （2）报警控制器的指示误差和报警误差应符合下列规定：①可燃气体的指示误差：指示范围为0～100%LEL时，±5%LEL；②有毒气体的指示误差：指示范围为0～3TLV时，±10%指示值；③可燃气体和有毒气体的报警误差：±25%设定值以内

续表

序号	危险点	预控措施
3	摔伤或碰砸伤人	(1) 巡查时注意行走安全，上下台阶、跨越沟道或配电室门口防鼠挡板时，防止摔伤、碰伤。 (2) 巡查中需要搬动电缆沟盖板时，应防止砸伤和碰伤人。 (3) 在电缆井、电缆隧道、电缆竖井内巡查中，应及时清理杂物，保持通道畅通，上下扶梯及行走时，防止绊倒摔伤
4	设备异常伤人	(1) 电缆本体受到外力机械损伤或地面下陷倾斜等异常可能对人身安全构成威胁时，巡查人员远离现场，防止发生意外伤人。 (2) 电缆终端设备放电或异常可能对人身安全构成威胁时，巡查人员应远离现场
5	意外伤人	(1) 巡查人员巡查电缆设备时应戴好安全帽。 (2) 进入电站巡查电缆设备时一般应两人同时进行，注意保持与带电体的安全距离和行走安全，并严禁接触电气设备的外壳和构架。 (3) 巡查人员巡查电缆设备时，应携带通信工具，随时保持联络。 (4) 高压设备发生接地时，室内不得接近故障点 4m 以内，室外不得接近故障点 8m 以内。 (5) 夜间巡查设备时携带照明器具，并两人同时进行，注意行走安全
6	保护及自动装置误动	(1) 在电站内禁止使用移动通信工具，以免造成保护及自动装置误动。 (2) 在电站内巡查行走应注意地面标志线，以免误入禁止标志线，造成保护及自动装置误动

第11章　电力电缆的状态检修

11.1　状态检修原则

（1）坚持“安全第一”原则。配网状态检修工作必须综合考虑设备状态、运行工况、环境影响等风险因素，确保人身、设备和供电安全。

（2）坚持“标准先行”原则。配网状态检修工作应以健全的管理标准、工作标准和技术标准为保障，规范现场标准化作业，工作全过程要做到有章可循、有据可依。

（3）坚持“应修必修”原则。依据设备状态适时开展巡检、维护和检修工作，真正做到“应修必修，修必修好”。

（4）坚持“过程管控”原则。开展配网状态检修工作应遵循资产全寿命周期管理，强化规划设计、设备选用、工程建设、交接验收、运行检修、技改报废等全过程技术监督，提高设备寿命周期内的使用效率和效益。

（5）坚持“持续完善”原则。开展配网状态检修工作应制订切实可行的目标、总体规划和工作计划，适应电网发展和技术进步的要求，不断健全制度体系，完善装备配置，提升人员素质和技能水平。

（6）坚持“统筹兼顾、突出重点”原则。根据配网设备的重要性、用户供电可靠性的不同要求，加强设备的运行、维护，分别制定特别重要设备、重要设备、一般设备的状态检修策略。

（7）配网设备的重要等级应根据设备在配网中的重要性、用户对供电可靠性的要求及中断供电在政治、经济上所造成损失或影响的程度进行分级，并应符合下列规定：

1）特别重要设备是指在配网中所处位置重要，以及对特级重要用户和一级重要用户供电的配网设备。

2）重要设备是指对二级重要用户供电的配网设备。

3）一般设备是指除特别重要设备和重要设备之外的管辖范围内的设备。

11.2　检修分类

按照工作性质内容及工作涉及范围，将电缆线路检修工作分为五类：A类检修、B类检修、C类检修、D类检修、E类检修。其中A类、B类、C类是停电检修，D类是不停电维修、E类是不停电检修。

1. A类检修

A类检修是指电缆线路的整体解体性检查、维修、更换和试验。

2. B类检修

B类检修是指电缆线路局部性的检修，部件的解体检查、维修、更换和试验。

3. C 类检修

C类检修是指对电缆线路常规性检查、维护和试验。

4. D 类检修

D类检修是指对电缆线路在不停电状态下的带电测试、外观检查和维修。

5. E 类检修

E类检修是指对电缆线路在不停电状态下进行的检修、消缺。

11.3 停电检修周期调整

1. 正常状态设备

正常状态设备的C类检修原则上特别重要设备6年1次，重要设备10年1次。满足《配网设备状态检修试验规程》（Q/GDW 643—2011）标准中的4.5.1条，关于延长试验时间条件的设备，可推迟1个年度进行检修。

2. 注意状态设备

注意状态设备的C类检修宜按基准周期适当提前安排。

3. 异常状态设备

异常状态设备的停电检修应按具体情况及时安排。

4. 严重状态设备

严重状态设备的停电检修应按具体情况限时安排，必要时立即安排。

11.4 状态评价工作的要求

状态评价应实行动态化管理，每次检修和试验后应进行一次状态评价。

11.5 检修项目

11.5.1 电力电缆

电力电缆检修项目分类见表11-1。

表11-1　电力电缆检修项目分类

检修分类	检修项目
A类	（1）电力电缆整段更换。 （2）电缆移位
B类	（1）本体处理： 1）电缆头（终端头、中间接头）加装或更换。 2）接地及引线加装或更换。 3）其他。 （2）附件处理：避雷器轮换

续表

检修分类	检　修　项　目
C类	（1）设备清扫、维护、检查、修理等工作。 （2）设备例行试验
D类	（1）带电测试。 （2）维护、保养。 （3）电缆通道处理：①电缆沟；②工井；③保护管；④桥架、支架；⑤电缆隧道
E类	带电检修、消缺和维护

11.5.2　电缆分支箱

电缆分支箱检修项目分类见表11-2。

表11-2　电缆分支箱检修项目分类

检修分类	检　修　项　目
A类	（1）整体更换。 （2）返厂检修
B类	（1）本体部件更换。 （2）本体主要部件处理。 （3）避雷器更换。 （4）带电显示器更换
C类	（1）设备清扫、维护、检查、修理等工作。 （2）设备例行试验
D类	（1）带电测试（在线和离线）。 （2）不停电维护、保养和消缺。 （3）检修人员专业巡视

11.6　C　类　检　修

11.6.1　电缆线路

1. 电缆线路例行试验项目

电缆线路例行试验项目见表11-3。

表11-3　电缆线路例行试验项目

例行试验项目	周　期	要　求	说　明
电缆主绝缘绝缘电阻	特别重要电缆6年，重要电缆10年，一般电缆必要时	与初值比没有显著差别	采用2500V或5000V兆欧表

续表

例行试验项目	周　期	要　求	说　明
交流耐压试验	新作电缆终端头、中间接头后和必要时	（1）试验频率：30～300Hz 试验电压：$2U_0$。 （2）加压时间：5min	（1）推荐使用 45～65Hz 试验频率。 （2）耐压前后测量绝缘电阻
接地电阻测试	4 年	不大于 10Ω	

2. 诊断性试验项目

电缆线路诊断性试验项目见表 11－4。

表 11－4　　电缆线路诊断性试验项目

诊断性试验项目	要　求	说　明
相位检查	与电网相位一致	
电缆外护套、内衬层绝缘电阻测试	每千米绝缘电阻值不低于 0.5MΩ	耐压试验前后，用 500V 兆欧表
铜屏蔽层电阻和导体电阻比/（R_p/R_x）	重做终端或接头后，用双臂电桥测量在相同温度下的铜屏蔽层和导体的直流电阻	较投运前的电阻比增大时，表明铜屏蔽层的直流电阻增大，有可能被腐蚀；电阻比减少时，表明附件中导体连接点的电阻有可能增大
局放测试	无异常	采用 OWTS 电缆局放检测等先进的检测技术

11.6.2　电缆分支箱

电缆分支箱例行试验项目见表 11－5。

表 11－5　　电缆分支箱例行试验项目

例行试验项目	周　期	要　求	说　明
接地电阻测试	4 年	不大于 10Ω	
绝缘电阻测量	特别重要设备 6 年，重要设备 10 年，一般设备必要时	应符合制造厂规定	
交流耐压试验		与主送电缆同时试验	

11.7　D 类 检 修

11.7.1　不需要停电的电缆缺陷处理

（1）对电缆外护套损伤进行修复，必要时修复后再次测量外护套绝缘电阻，并进行直流耐压试验。

（2）对电缆抱箍和电缆夹具存在锈蚀、破损和螺栓松动等缺陷进行除锈、防腐处理和螺栓紧固处理。

11.7.2　带电检测

1. 红外热像检测

（1）用红外热像仪检测避雷器本体及电气连接部位，红外热像图显示应无异常温升、温差和/或相对温差。

（2）用红外热像检测电缆本体、电缆终端、电缆接头、电缆分支处及接地线（如可测），红外热像图显示无异常温升、温差和/或相对温差。

2. 电缆局部放电带电检测

（1）利用超声波检测、高频、超高频局放检测等先进技术手段进行检测，确认电缆主要部件有无损伤、发热。

（2）局部放电检测应在相同的环境下多次检测比对，正常应时无明显的局部放电，对疑似局部放电点应跟踪检测。

11.8　状态评价导则

11.8.1　电缆线路

（1）电缆线路状态评价以每条电缆为单元，包括电缆本体、电缆终端、电缆中间接头、接地系统、电缆通道、辅助设施等部件。各部件的范围划分见表11-6。

表11-6　电缆线路各部件的范围

部件	评价范围
电缆本体 P_1	电缆本体
电缆终端 P_2	电缆终端头
电缆中间接头 P_3	电缆中间头
接地系统 P_4	接地引下线
电缆通道 P_5	电缆井、电缆管沟、电缆桥架、电缆支架、电缆线路保护区
辅助设施 P_6	电缆金具、围栏、保护管、各类设备标识、警示标识

（2）电缆线路的评价内容分为电气性能、机械性能、防火阻燃、设备环境和外观。具体评价内容见表11-7。

表11-7　电缆线路各部件的评价内容

评价内容 部件	电气性能	机械性能	防火阻燃	设备环境	外观
电缆本体 P_1	√		√	√	√
电缆终端 P_2	√		√		√

续表

部件 \ 评价内容	电气性能	机械性能	防火阻燃	设备环境	外观
电缆中间接头 P_3	√		√	√	√
接地系统 P_4	√				√
电缆通道 P_5			√	√	√
辅助设施 P_6		√			√

(3) 各评价内容包含的状态量见表 11－8。

表 11－8　　电缆线路评价内容包含的状态量

部件	状　态　量
电缆本体 P_1	电气性能（线路负荷、绝缘电阻）、防火阻燃、设备环境（埋深）、外观（电缆变形）
电缆终端 P_2	电气性能（连接点温度）、防火阻燃、外观（污秽、破损）
电缆中间接头 P_3	电气性能（温度）、运行环境、破损；防火阻燃
接地系统 P_4	外观（接地引下线外观）、电气性能（接地电阻）
电缆通道 P_5	防火阻燃、设备环境（电缆井环境、电缆管沟环境）、外观（电缆线路保护区运行环境）
辅助设施 P_6	机械性能（牢固）、外观（标识齐全、锈蚀）

(4) 电缆线路的状态量以巡检、例行试验、诊断性试验、家族缺陷、运行信息等方式获取。

(5) 电缆状态评价以量化的方式进行，各部件起评分为 100 分，各部件的最大扣分值为 100 分，权重见表 11－9。电缆线路的状态量和最大扣分值见表 11－10。评分标准见表 11－18。

表 11－9　　电缆线路各部件权重

部件	电缆本体	电缆终端	电缆中间接头	接地系统	电缆通道	辅助设施
部件代号	P_1	P_2	P_3	P_4	P_5	P_6
权重代号	K_1	K_2	K_3	K_4	K_5	K_6
权重	0.20	0.20	0.20	0.1	0.15	0.15

表 11－10　　电缆线路的状态量和最大扣分值

序号	状态量名称	部件代号	最大扣分值/分
1	线路负荷	P_1	40
2	绝缘电阻	P_1	40
3	电缆变形	P_1	40
4	埋深	P_1	30
5	防火阻燃	$P_1/P_2/P_3/P_5$	40

续表

序号	状态量名称	部件代号	最大扣分值/分
6	污秽	P_2	40
7	破损	P_2/P_3	40
8	温度	P_2/P_3	40
9	运行环境	P_3	40
10	接地引下线外观	P_4	40
11	接地电阻	P_4	30
12	电缆井环境	P_5	40
13	电缆管沟环境	P_5	40
14	电缆线路保护区运行环境	P_5	40
15	牢固	P_6	30
16	标识齐全	P_6	30
17	锈蚀	P_6	30

（6）评价结果。评价结果需计算综合得分，其中：

1）部件得分。某一部件的最后得分 $M_P = m_P K_F K_T$，$P=1, 2, \cdots, 6$。某一部件的基础得分 $m_P=100-$相应部件状态量中的最大扣分值，$P=1, 2, \cdots, 6$；对存在家族缺陷的部件，取家族缺陷系数 $K_F=0.95$，无家族缺陷的部件 $K_F=1$；寿命系数 $K_T=$（100－运行年数×0.5）/100。

2）某类部件得分。某类部件都在正常状态时，该类部件得分取算数平均值；有一个及以上部件得分在正常状态以下时，该类部件得分与最低的部件一致。各部件的评价结果按量化分值的大小分为“正常状态”“注意状态”“异常状态”和“严重状态”四个状态。分值与状态的关系见表 11－11。

表 11－11　电缆线路部件评价分值与状态的关系

部件	85～100 分	75～85 分（含）	60～75 分（含）	60 分（含）以下
电缆本体	正常状态	注意状态	异常状态	严重状态
电缆终端	正常状态	注意状态	异常状态	严重状态
电缆中间接头	正常状态	注意状态	异常状态	严重状态
接地系统	正常状态	注意状态	异常状态	严重状态
电缆通道	正常状态	注意状态	异常状态	严重状态
辅助设施	正常状态	注意状态	异常状态	

3）整体评价。所有部件的得分都在正常状态时，该电缆线路单元为正常状态，最后得分$=\sum(K_P M_P)$，$P=1, 2, \cdots, 6$；有一类及以上部件得分在正常状态以下时，该电缆线路单元为最差类部件的状态，最后得分$=\min(M_P)$，$P=1, 2, \cdots, 6$。

11.8.2 电缆分支箱

(1) 电缆分支箱状态评价以台为单元，包括本体、辅助部件等部件。各部件的范围划分见表 11-12。

表 11-12 电缆分支箱各部件的范围划分

部件	评价范围
本体 P_1	母线、绝缘子、电缆头、避雷器
辅助部件 P_2	带电显示器、五防、防火阻燃设施、外壳、接地、各类设备标识、警示标识

(2) 电缆分支箱的评价内容分别为：绝缘性能、载流能力、接地电阻、机械特性、防火阻燃和外观，具体的评价内容详见表 11-13。

表 11-13 电缆分支箱各部件的评价内容

部件	绝缘性能	载流能力	接地电阻	机械性能	防火阻燃	外观
本体 P_1	√	√				√
辅助部件 P_2			√	√	√	√

(3) 各评价内容包含的状态量见表 11-14。

表 11-14 电缆分支箱评价内容包含的状态量

评价内容	状态量
绝缘性能	绝缘电阻、放电声、凝露
载流能力	导电连接点的相对温差或温升
接地电阻	接地电阻
机械性能	五防
防火阻燃	防火阻燃
外观	带电显示器、外壳、接地引下线外观、标识齐全、锈蚀

(4) 电缆分支箱的状态量以巡检、例行试验、家族缺陷、运行信息等方式获取。

(5) 电缆分支箱状态评价以量化的方式进行，各部件起评分为 100 分，最大扣分值为 100 分，权重见表 11-15。电缆分支箱的状态量和最大扣分值见表 11-16。评分标准见表 11-19。

表 11-15 电缆分支箱各部件权重

部件	本体	辅助部件
部件代号	P_1	P_2
权重代号	K_1	K_2
权重	0.6	0.4

表 11-16　　电缆分支箱的状态量和最大扣分值

序号	状态量名称	部件代号	最大扣分值/分
1	绝缘电阻	P_1	40
2	放电声	P_1	40
3	凝露	P_1	30
4	导电连接点的相对温差或温升	P_1	40
5	污秽	P_1/P_2	40
6	五防	P_2	40
7	防火阻燃	P_2	40
8	带电显示器	P_2	20
9	外壳	P_2	40
10	接地引下线外观	P_2	40
11	接地电阻	P_2	30
12	标识齐全	P_2	30
13	锈蚀	P_2	40

（6）评价结果。评价结果需计算综合得分，其中：

1）部件评价。某一部件的最后得分 $M_P=m_PK_FK_T$，$P=1$，2。某一部件的基础得分 $m_P=100-$相应部件状态量中的最大扣分值，$P=1$，2；对存在家族缺陷的部件，取家族缺陷系数 $K_F=0.95$，无家族缺陷的部件 $K_F=1$；寿命系数 $K_T=$（100－设备运行年数×0.5）/100。

各部件的评价结果按量化分值的大小分为“正常状态”“注意状态”“异常状态”和“严重状态”四个状态。分值与状态的关系见表 11-17。

表 11-17　　电缆分支箱部件评价分值与状态的关系

部件	85～100 分	75～85 分（含）	60～75 分（含）	60 分（含）以下
本体 P_1	正常状态	注意状态	异常状态	严重状态
辅助部件 P_2	正常状态	注意状态	异常状态	严重状态

2）整体评价。当所有部件的得分在正常状态时，该电缆分支箱的状态为正常状态，最后得分$=\sum K_PM_P$，$P=1$，2；一个及以上部件得分在正常状态以下时，该电缆分支箱的状态为最差部件的状态，最后得分$=\min M_P$，$P=1$，2。

11.9　状态评价评分标准

电缆线路、电缆分支箱状态评价评分表见表 11-18、表 11-19。

表 11-18　　**电缆线路状态评价评分表**

序号	部件	状态量	标准要求	评分标准
1	电缆本体 P_1	线路负荷	线路负荷不超过额定负荷	负荷超过80%额定负荷时，扣20分；超负荷，扣40分
2		绝缘电阻	耐压试验前后，主绝缘绝缘 电阻测量应无明显变化。与初值比没有显著差别	视实际情况酌情扣分
3		破损、变形	电缆外观无破损、无明显变形	轻微破损、变形每处扣5分；明显破损、变形，每处扣25分；严重破损、变形每处，扣40分
4		防火阻燃	满足设计要求；一般要求不得重叠，减少交叉；交叉处需用防火隔板隔开	视差异情况酌情扣分，最多扣40分
5		埋深	满足设计要求	视差异情况酌情扣分，最多扣30分
6	电缆终端 P_2	污秽	无积污、闪络痕迹	表面有污秽，扣10分；表面污秽严重无闪络痕迹，扣20分；表面污秽并闪络痕迹有电晕，扣40分
7		完整	无破损	略有破损、缺失，扣10～20分；有破损、缺失，扣30分；严重破损、缺失，扣40分
8	电缆终端 P_2	防火阻燃	进出建筑物和开关柜需有防火阻燃及防小动物措施	措施不完善，扣20分，无措施，扣40分
9		温度	1）相间温度差小于10K； 2）接头温度小于75℃	温度大于75℃，扣10分；温度大于80℃，扣20分；温度大于90℃，扣40分。合计取两项扣分中的较大值
10	电缆中间接头 P_3	温度	无异常发热现象	有异常现象酌情扣分
11		运行环境	不被水浸泡和杂物堆压	被污水浸泡、杂物堆压，水深超过1m，扣30分；其他情况视实际情况酌情扣分
12		防火阻燃	满足设计要求；一般要求电缆接头采用防火涂料进行表面阻燃处理；和相邻电缆上绕包阻燃带或刷防火涂料	措施不完善，扣20分，无措施，扣40分
13		破损	中间头无明显破损	中间头有明显破损痕迹，扣40分；其他情况视实际情况酌情扣分
14		接地电阻	接地电阻不大于10Ω	不符合，扣30分

续表

序号	部件	状态量	标准要求	评分标准
15	电缆通道 P_5	电缆井环境	井内无积水、杂物；基础无破损、下沉，盖板无破损、缺失且平整	电力电缆井内积水未碰到电缆，扣10分；井内积水浸泡电缆或有杂物，扣20分；井内积水浸泡电缆或杂物危及设备安全，扣30分。 基础破损、下沉的视情况，扣10～40分；盖板破损、缺失、盖板不平整，扣10～40分
16		电缆管沟环境	无积水、无下沉	积清水，扣10分；井内积污水，扣20分；沟体下沉，扣40分
17		防火阻燃	满足设计要求；一般要求对电缆可能着火导致严重事故的回路、易受外部影响波及火灾的电缆密集场所，应有适当的阻火分隔	措施不完善，扣20分；无措施，扣40分
18		电缆线路保护区运行环境	电缆线路通道的路面正常，电缆线路保护区内无施工开挖，电缆沟体上无违章建筑及堆积物	不符合，扣10～40分
19	辅助设施 P_6	锈蚀	无锈蚀	轻微锈蚀，不扣分；中度锈蚀，扣20分；严重锈蚀，扣30分
20		牢固	各辅助设备安装牢固、可靠	松动不可靠，扣30分；其他情况视实际情况酌情扣分
21		标识齐全	设备标识和警示标识齐全、准确、完好	(1) 安装高度达不到要求，扣5分。 (2) 标识错误，扣30分。 (3) 无标识或缺少标识，扣30分

表 11-19　　电缆分支箱状态评价评分表

序号	部件	状态量	标准要求	评分标准
1	本体 P_1	绝缘电阻	绝缘子、母线外绝缘20℃时绝缘电阻不低于300MΩ。 避雷器20℃时绝缘电阻不低于1000MΩ	绝缘电阻折算到20℃下，低于500MΩ，扣10分；低于400MΩ，扣20分；低于300MΩ，扣40分。 避雷器20℃时绝缘电阻低于1000MΩ，扣40分
2		放电声	无异常放电声音	(1) 存在异常放电声音，扣30分。 (2) 存在严重放电声音，扣40分

续表

序号	部件	状态量	标准要求	评分标准
3	本体 P_1	凝露	不得出现大量露珠	(1) 出现少量露珠，扣10分。 (2) 出现较多露珠，扣20分。 (3) 出现大量露珠，扣30分
4		导电连接点的相对温差或温升	(1) 相间温度差小于10K。 (2) 接头温度小于75℃	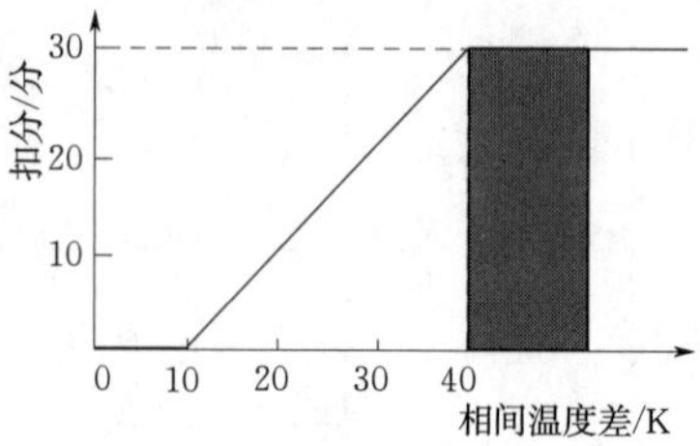 扣分/分：30、20、10 相间温度差/K：0、10、20、30、40 温度大于75℃，扣10分；温度大于80℃，扣20分；温度大于90℃，扣40分。合计取两项扣分中的较大值
5		污秽	满足设备运行的要求	有污秽，扣10分；污秽较多，扣20分；有明显放电痕迹，扣30分；严重放电痕迹，扣40分；有破损，扣30分；严重破损，扣40分
6	辅助部件 P_2	五防	正常	五防装置故障，扣40分；五防功能不完善视实际情况酌情扣分
7		防火阻燃	满足设计要求	措施不完善，扣20分；无措施，扣40分
8		带电显示器	正常	失灵，扣20分
9		外壳	外观正常	有渗水，扣10～20分；有漏水，扣30分；有明显裂纹，扣40分
10		接地引下线外观	连接牢固，接地良好。下线截面不得小于25mm² 铜芯线或镀锌钢绞线，35mm² 钢芯铝绞线。接地棒直径不得小于12mm的圆钢或40×4的扁钢。埋深耕地不小于0.8m，非耕地不小于0.6m	(1) 无明显接地，扣15分；连接松动、接地不良，扣25分；出现断开、断裂，扣40分。 (2) 引下线截面不满足要求，扣30分。 (3) 接地引线轻微锈蚀 [小于截面直径（厚度）10%]，扣10分，中度锈蚀 [大于截面直径（厚度）10%]，扣15分；较严重锈蚀 [大于截面直径（厚度）20%]，扣30分；严重锈蚀 [大于截面直径（厚度）30%]，扣40分。 (4) 埋深不足，扣20分

续表

序号	部件	状态量	标准要求	评分标准
11	辅助部件 P_2	接地电阻	接地电阻不大于10Ω	不符合，扣30分
12		标识齐全	设备标识和警示标识齐全、准确、完好	(1) 安装高度达不到要求，扣5分。 (2) 标识错误，扣30分。 (3) 无标识或缺少标识，扣30分
13		污秽	无积污、闪络痕迹	表面有污秽，扣10分；表面污秽严重无闪络痕迹的，扣20分；表面污秽并闪络痕迹有电晕，扣40分
14		锈蚀	无锈蚀	轻微锈蚀，不扣分；中度锈蚀，扣20分；严重锈蚀，扣30分

11.10 电缆线路维护

11.10.1 电缆线路维护工作的内容

1. 防止终端的绝缘套管的表面污闪

(1) 定期清扫绝缘套管表面的尘土。污秽严重的地方应相应增加清扫次数。

(2) 水冲洗，即用高压水对绝缘套管表面进行冲洗。

(3) 增涂防污涂料（如硅胶）。

2. 检查高位差安装的电缆的外表

(1) 外皮脱落40%以上或铠装层已裸锈，应涂防锈漆加以保护。

(2) 电缆的金属护套若有裂纹、龟裂和腐蚀等现象时，应先做暂时处理，并记好记录，以便计划检修安排更换。

(3) 电缆或保护管等若有撞伤现象，电缆的安装辅助装置若有缺少等，应即时修复。

3. 电缆终端的维护

(1) 终端壳体和支架表面锈蚀时，应涂漆防锈。

(2) 检查终端内部绝缘剂是否充满，是否有水分侵入。如绝缘剂不足时应补充绝缘剂，如有水分侵入时应设法消除，并作为缺陷记入记录。

(3) 终端的接点如过热烧毛时，应更换过热的引出部件。

(4) 相色标识是否清楚，不清楚时应重标相色。

(5) 终端壳体是否有裂纹、砂眼等，应及时安排更换。

(6) 终端的接地是否良好，若接地不良应重新处理，使接地件符合标准。

(7) 检查终端是否漏剂，绝缘套管是否有裂纹或放电痕迹，有这些现象时应及时更换。

(8) 终端的电缆线路铭牌是否完好和正确，如有损坏，应重新更换。

4. 负荷监测

(1) 定期测量电缆各相的负荷电流，分析负荷不平衡的原因。

（2）定期测量电缆外表的实际温度，确定电缆是否过热，以防绝缘过早老化。

（3）肉眼观察电缆终端和其他电气设备的连接点是否有过热现象。一般铝金属的电气设备过热后呈灰白色；铜金属电气设备过热后呈浅红色。

5. 隧道、电缆沟、人井和排管的检查

（1）检查门、锁是否开闭正常，各进出口、通风口防小动物进入的设施是否完好，发现问题必须立即解决。

（2）检查有无渗水、积水，有积水应立即排除，并将渗漏处修好。

（3）检查其内的电缆、接头、接地情况是否正常。

（4）测量接地电阻和电缆外皮的电位，防止腐蚀。电缆外表部分的检查同上述（2）。

（5）检查支架上的电缆有无磕伤或擦伤现象，支架有否脱落等，有不良现象时，能处理的及时处理好，不能处理的应做好记录，安排计划及时解决。

（6）检查通风、照明、防水设施是否良好，土建部分有否下沉和开裂，如存在问题应做好缺陷记录，并及时处理。

（7）疏通备用排管、清除淤泥杂物，这是检查排管是否因地沉损坏的有效和简便方法。

6. 电缆线路的地面分支箱检查

（1）检查分支箱周围地面有无被挖掘过的情况，从而判定对电缆是否造成损伤。

（2）检查门锁和螺丝是否完好，不完好应立即更换。

（3）检查通风和防漏情况是否良好，有问题时应重新放好防水板的位置，若是箱体有裂纹引起的，则只能更换箱体。

（4）检查箱体和金属部件的锈蚀情况，有锈蚀应即除锈涂油漆。

11.10.2 一般缺陷的处理方法

1. 不严重的绝缘套管表面污秽

定期清扫。一般在停电做电气试验时擦净即可。不停电时应安装在绝缘棒上的油漆刷子，在人体和带电部分保持安全距离的情况下，将绝缘套管表面的污秽扫去。如果是电缆漏出的油等油性污秽，可在刷子上蘸些丙酮擦除。

定期带电水冲。用绝缘水管，在人体和带电部分保持安全距离的情况下，通过水泵用水冲洗绝缘套管，将污秽冲去。

2. 电缆内护层（套）或终端盒体龟裂、裂纹和腐蚀严重的暂时处理方法

在电缆金属护层龟裂、裂纹和腐蚀严重处可用防水带或塑料带包绕3～4层作临时处理。当能确保人体与带电部分安全距离的情况下，可在电缆设备不停电时进行。

在没有防水的带材或无法包防水带材时，可用其他防水的材料（如油漆、环氧树脂胶等）涂在电缆金属护层龟裂、裂纹和腐蚀严重处。处理后应做好记录并汇报有关部门，有关部门应对此作出安排，及时更换缺陷部分的电缆或附件。

11.10.3 应停电处理的电缆线路缺陷和处理方法

1. 终端的接点过热

（1）示温蜡片熔化，但接点的金属未变色，即未曾过热。这是可与调动联系通过一般

正常申请停电方式，在获准后，根据接点的情况，重新擦好接点接触不良的部位和夹紧接触面或更换之。

(2) 接点发红过热，这是情况非常紧急，应立即向调度申请紧急停电，避免事态扩大形成故障，待获准停电、更换好后汇报调度恢复送电。

2. 附件有缺陷

(1) 电缆附件金具上有裂纹、砂眼、胀裂。这种情况应先做好密封暂时处理后，在更加情况申请停电时间，更换附件。

(2) 橡塑电缆终端表面闪络或有裂纹。

1) 表面闪络多因接头设计不良或地区污秽程度严重原因引起，可停电处理，去除闪络痕迹后，增加1～2个防雨裙或涂硅油即可解决。

2) 表面有裂纹时，这是由于材料不良或规格选用不当而引起的，此时可根据裂纹情况申请停电，在停电后重新制作终端。

第12章　电缆反事故技术措施及要求

12.1　电缆设备反事故技术措施

为防止电力电缆损坏事故，在制定电缆设备反事故技术措施时应认真贯彻执行《电力工程电缆设计规范》(GB 50217—2007)、《电力装置安装工程电缆线路施工及验收规范》(GB 50168—2006)、《火力发电厂与变电所设计防火规范》(GB 50229—2006)、《10 (6)～500kV 电缆技术标准》(Q/GDW 371—2009)、《电力电缆线路运行规程》(Q/GDW 512—2010)、《输变电设备状态检修试验规程》(Q/GDW 168—2008) 等标准及《国家电网公司电缆通道管理规范》[国家电网生〔2010〕637 号] 等有关规定。

12.1.1　防止电缆绝缘击穿事故

1. 设计阶段应注意的问题

(1) 应按照全寿命周期管理的要求，根据线路输送容量、系统运行条件、电缆路径、敷设方式等合理选择电缆和附件结构型式。

(2) 应避免电缆通道邻近热力管线、腐蚀性介质的管道。

(3) 应加强电力电缆和电缆附件选型、订货、验收及投运的全过程管理。应优先选择具有良好运行业绩和成熟制造经验的制造商。

(4) 10kV 电力电缆应采用干法化学交联的生产工艺。

(5) 运行在潮湿或浸水环境中的 20kV 及以下电压等级电缆附件的密封防潮性能应能满足长期运行需要。

(6) 电缆主绝缘的金属屏蔽层、金属护层应有可靠的过电压保护措施。统包型电缆的金属屏蔽层、金属护层应分别引出接地。

2. 施工阶段应注意的问题

(1) 对 20kV 及以下电压等级重要线路的电缆，应进行监造和工厂验收。

(2) 应严格进行到货验收，并开展到货检测。

(3) 在电缆运输过程中，应防止电缆受到碰撞、挤压等导致的机械损伤。电缆敷设过程中应严格控制牵引力、侧压力和弯曲半径。

(4) 施工期间应做好电缆和电缆附件的防潮、防尘、防外力损伤措施。在现场安装高压电缆附件之前，其组装部件应试装配。安装现场的温度、湿度和清洁度应符合安装工艺要求，严禁在雨、雾、风沙等有严重污染的环境中安装电缆附件。

(5) 应检测电缆金属护层接地电阻，必须满足设计要求和相关技术规范要求。

3. 运行阶段应注意的问题

(1) 运行部门应加强电缆线路负荷和温度的检（监）测，防止过负荷运行，多条并联的电缆应分别进行测量。巡视过程中应检测电缆附件的关键接点的温度。

（2）严禁金属护层不接地运行，发现问题应及时处理。

（3）运行部门应开展电缆线路状态评价，对异常状态和严重状态的电缆线路应及时检修。

12.1.2 防止电缆火灾

1. 设计施工阶段应注意的问题

（1）电缆线路的防火设施必须与主体工程同时设计、施工、验收，防火设施未验收合格的电缆线路不得投入运行。

（2）同一通道内不同电压等级的电缆，应按照电压等级的高低从下向上排列，分层敷设在电缆支架上。

（3）采用排管、电缆沟、隧道、桥梁及桥架敷设的阻燃电缆，其成束阻燃性能应不低于C级。与电力电缆同通道敷设的低压电缆、非阻燃通信光缆等应穿入阻燃管，或采取其他防火隔离措施。

（4）中性点非有效接地系统中，缆线密集区域的电缆应采取防火隔离措施。

（5）非直埋电缆接头的最外层应包覆阻燃材料，电缆中间接头应采用环氧树脂支架或耐火防爆槽盒隔离。

（6）在电缆通道内敷设电缆需经运行部门许可。施工过程中产生的电缆孔洞应加装防火封堵，受损的防火设施应及时恢复，并由运行部门验收。

（7）隧道及竖井中的电缆应采取防火隔离、分段阻燃措施。

2. 运行阶段应注意的问题

（1）电缆密集区域的在役接头应加装防火槽盒或采取其他防火隔离措施。

（2）运行部门应保持电缆通道、夹层整洁、畅通，消除各类火灾隐患，通道沿线及其内部不得积存易燃、易爆物。

（3）电缆通道临近易燃或腐蚀性介质的存储容器、输送管道时，应加强监视，防止其渗漏进入电缆通道，进而损害电缆或导致火灾。

（4）在电缆通道、夹层内使用的临时电源应满足绝缘、防火、防潮要求。工作人员撤离时应立即断开电源。

（5）在电缆通道、夹层内动火作业应办理动火工作票，采取可靠的防火措施。

（6）严格按照运行规程规定对电缆夹层、通道进行巡检，并检测电缆和接头运行温度。

12.1.3 防止外力破坏和设施被盗

1. 设计施工阶段应注意的问题

（1）同一负载的双路或多路电缆，不宜布置在相邻位置。

（2）电缆通道及直埋电缆线路工程应严格按照相关标准和设计要求施工，并同步进行竣工测绘，非开挖工艺的电缆通道应进行三维测绘。应在投运前向运行部门提交竣工资料和图纸。

（3）直埋电缆沿线应装设永久标识。

(4) 电缆终端场站、隧道出入口、重要区域的工井井盖应有安防措施，并宜加装在线监控装置。户外金属电缆支架、电缆固定金具等应使用防盗螺栓。

2. 运行阶段应注意的问题

(1) 电缆路径上应设立明显的警示标志，对可能发生外力破坏的区段应加强监视，并采取可靠的防护措施。

(2) 工井正下方的电缆，宜采取防止坠落物体打击的保护措施。

(3) 应监视电缆通道结构、周围土层和邻近建筑物等的稳定性，发现异常应及时采取防护措施。

(4) 敷设于公用通道中的电缆应制定专项管理措施。

(5) 应及时清理退运的报废缆线，对盗窃易发地区的电缆设施应加强巡视。

12.2 电缆设备运行、试验及检修人员安全防护细则

12.2.1 电力电缆工作的基本要求

(1) 工作前应详细核对电缆标识牌的名称与工作票所写的相符，安全措施正确可靠后方可开始工作。

(2) 进入变配电站、发电厂工作都应经当值运行人员许可。

(3) 电力电缆设备的标识牌要与电网系统图、电缆走向图和电缆资料的名称一致。

12.2.2 电力电缆作业时的安全措施

1. 电缆施工的安全措施

(1) 电缆直埋敷设施工前应先查清图纸，再开挖足够数量的样洞和样沟，摸清地下管线分布情况，以确定电缆敷设位置及确保不损坏运行电缆和其他地下管线。

(2) 为防止损伤运行电缆或其他地下管线设施，在城市道路红线范围内不应使用大型机械来开挖沟槽，硬路面面层破碎可使用小型机械设备，但应加强监护，不得深入土层。若要使用大型机械设备时，应履行相应的报批手续。

(3) 掘路施工应具备相应的交通组织方案，做好防止交通事故的安全措施。施工区域应用标准路栏等严格分隔，并有明显标记，夜间应加挂警示灯，以防行人或车辆等误人。

(4) 沟槽开挖深度达到 1.5m 及以上时，应采取措施防止土层塌方。

(5) 沟槽开挖时，应将路面敷设材料和泥土分别堆置，堆置处和沟槽应保留通道供施工人员正常行走。在堆置物堆起的斜坡上不得放置工具材料等器物，以免滑入沟槽伤害施工人员或损坏电缆。

(6) 挖到电缆保护板后，应由有经验的人员在场指导，方可继续进行，以免误伤电缆。

(7) 挖掘出的电缆或接头盒，如下面需要挖空时，应采取悬吊保护措施。电缆悬吊应每 1～1.5m 吊一道；接头盒悬吊应平放，不得使接头盒受到拉力；若电缆接头无保护盒，则应在该接头下垫上加宽加长木板，方可悬吊。电缆悬吊时，不得用铁丝或钢丝等，以免损伤电缆护层或绝缘。

(8) 移动电缆接头一般应停电进行。如必须带电移动，应先调查该电缆的历史记录，由有经验的施工人员，在专人统一指挥下，平整移动，以防止损伤绝缘。

(9) 锯电缆以前，应与电缆走向图图纸核对相符，并使用专用仪器（如感应法）确切证实电缆无电后，用接地的带绝缘柄的铁钎钉入电缆芯后，方可工作。扶绝缘柄的人应戴绝缘手套并站在绝缘垫上。

(10) 开起电缆井井盖、电缆沟盖板及电缆隧道入孔盖时应使用专用工具，同时注意所立位置，以免滑脱后伤人。开起后应设置标准路栏围起，并有人看守。工作人员撤离电缆井或隧道后，应立即将井盖盖好，以免行人碰盖后摔跌或不慎跌入井内。

(11) 电缆隧道应有充足的照明，并有防火、防水、通风的措施。电缆井内工作时，禁止只打开一只井盖（单眼井除外）。进入电缆井、电缆隧道前，应先用吹风机排除浊气，再用气体检测仪检查井内或隧道内的易燃易爆及有毒气体的含量是否超标，并做好记录。电缆沟的盖板开启后，应自然通风一段时间后方可下井工作。电缆井、隧道内工作时，通风设备应保持常开，以保证空气流通。

(12) 在跌落式熔断器与电缆头之间，宜加装过渡连接装置，使工作时能与跌落式熔断器上桩头有电部分保持安全距离。在跌落式熔断器上桩头有电的情况下，未采取安全措施前，不得在跌落式熔断器下桩头新装、调换电缆尾线或吊装、搭接电缆终端头。如必须进行上述工作，则应采用专用绝缘罩隔离，在下桩头加装接地线。工作人员站在低位，伸手不得超过跌落式熔断器下桩头，并设专人监护。上述加绝缘罩工作应使用绝缘工具。雨天禁止进行以上工作。

(13) 使用携带型火炉或喷灯时，火焰与带电部分的距离不得小于3m。不得在带电导线、带电设备、变压器附近以及在电缆夹层、隧道、沟洞内对火炉或喷灯加油及点火。

(14) 电缆施工完成后应将穿越过的孔洞进行封堵以达到防水或防火的要求。

(15) 非开挖施工的安全措施：

1) 采用非开挖技术施工前，应首先探明地下各种管线及设施的相对位置。

2) 非开挖的通道，应离开地下各种管线及设施足够的安全距离。

3) 通道形成的同时，应及时对施工的区域进行灌浆等措施，防止路基的沉降。

2. 电力电缆线路试验安全措施

(1) 电力电缆试验要拆除接地线时，应征得工作许可人的许可（根据调度员命令装设的接地线，应征得调度员的许可），方可进行。工作完毕后立即恢复。

(2) 电缆耐压试验前，加压端应做好安全措施，防止人员误入试验场所。另一端应挂上警告牌。如另一端是上杆的或是锯断电缆处，应派人看守。

(3) 电缆的试验过程中，更换试验引线时，应先对设备充分放电。作业人员应戴好绝缘手套。

(4) 电缆耐压试验分相进行时，另两相电缆应接地。

(5) 电缆试验结束，应对被试电缆进行充分放电，并在被试电缆上加装临时接地线，待电缆尾线接通后才可拆除。

(6) 电缆故障声测定点时，禁止直接用手触摸电缆外皮或冒烟小洞，以免触电。

第 13 章　电缆典型故障案例分析

13.1　典型故障分析、判断

在查找电缆故障点时，首先要进行电缆故障性质的诊断，即确定故障的类型及故障电阻阻值，以便于测试人员选择适当的故障测距与定点方法。

13.1.1　电缆故障性质的分类

电缆故障种类很多，可分为以下类型：

（1）接地故障：电缆一芯主绝缘对地击穿故障。

（2）短路故障：电缆两芯或三芯短路。

（3）断线故障：电缆 A 芯或数芯被故障电流烧断或受机械外力拉断，造成导体完全断开。

（4）闪络性故障：这类故障一般发生于电缆耐压试验击穿中，并多出现在电缆中间接头或终端头内。试验时绝缘被击穿，形成间隙性放电通道。当试验电压达到某一定值时，发生击穿放电：而当击穿后放电电压降至某一值时，绝缘又恢复而不发生击穿，这种故障称为开放性闪络故障。有时在特殊条件下，绝缘击穿后又恢复正常，即使提高试验电压，也不再击穿，这种故障称为封闭性闪络故障。以上两种现象均属于闪络性故障。

（5）混合性故障：同时具有上述接地、短路、断线、闪络性故障中两种以上性质的故障称为混合性故障。

13.1.2　电缆故障诊断方法

电缆发生故障后，除特殊情况（如电缆终端头的爆炸故障，当时发生的外力破坏故障）可直接观察到故障点以外，一般均无法通过巡视发现，必须使用电缆故障测试设备进行测量，从而确定电缆故障点的位置。由于电缆故障类型很多，测寻方法也随故障性质的不同而异。因此在故障测寻工作开始之前，须准确地确定电缆故障的性质。

电缆故障按故障发生的直接原因可以分为两大类：一类为试验击穿故障；另一类为在运行中发生的故障。若按故障性质来分，又可分为接地故障、短路故障、断线故障、闪络故障及混合性故障。现将电缆故障性质确定的方法和分类分述如下。

1. 试验击穿故障性质的确定

在试验过程中发生击穿的故障，其性质比较简单，一般为一相接地或两相短路，很少有三相同时在试验中接地或短路的情况，更不可能发生断线故障。其另一个特点是故障电阻均比较高，一般不能直接用绝缘电阻表测出，而需要借助耐压试验设备进行测试。其方法如下：

（1）在试验中发生击穿时，对于分相屏蔽型电缆均为一相接地。对于统包型电缆，则应将未试相地线拆除，再进行加压。如仍发生击穿，则为一相接地故障，如果将未试相地线拆除后不再发生击穿，则说明是相间故障，此时应将未试相分别接地后再分别加压，以查验是哪两相之间发生短路故障。

（2）在试验中，当电压升至某一定值时，电缆绝缘水平下降，发生击穿放电现象；当电压降低后，电缆绝缘恢复，击穿放电终止。这种故障即为闪络性故障。

2. 运行故障性质的确定

运行电缆故障的性质和试验击穿故障的性质相比，就比较复杂，除发生接地或短路故障外，还可能发生断线故障。因此，在测寻前，还应作电缆导体连续性的检查，以确定是否为断线故障。确定电缆故障的性质，一般应用绝缘电阻表和万用表进行测量并做好记录。

（1）先在任意一端用绝缘电阻表测量 A—地、B—地及 C—地的绝缘电阻值，测量时另外两相不接地，以判断是否为接地故障。

（2）测量各相间 A—B、B—C 及 C—A 的绝缘电阻，以判断有无相间短路故障。

（3）分相屏蔽型电缆（如交联聚乙烯电缆）一般均为单相接地故障，应分别测量每相对地的绝缘电阻。当发现两相短路时，可按照两个接地故障考虑。在小电流接地系统中，常发生不同两点同时发生接地的“相间”短路故障。

（4）如用绝缘电阻表测得电阻为零时，则应用万用表测出各相对地的绝缘电阻和各相间的绝缘电阻值。

（5）如用绝缘电阻表测得电阻很高，无法确定故障相时，应对电缆进行直流电压试验，判断电缆是否存在故障。

（6）因为运行电缆故障有发生断线的可能，所以还应作电缆导体连续性是否完好的检查。其方法是在一端将 A、B、C 三相短接（不接地），到另一端用万能表的低阻挡测量各相间电阻值是否为零，检查是否完全通路。

3. 电缆低阻、高阻故障的确定

所谓的电缆低阻、高阻故障的区分，不能简单用某个具体的电阻数值来界定，而是由所使用的电缆故障查找设备的灵敏度确定的。例如，低压脉冲设备理论上只能查找 1000Ω 以下的电缆短路或接地故障，而电缆故障探伤仪理论上可查找 10kΩ 以下的一相接地或两相短路故障。

13.2 现场故障处理流程

当电缆线路发生故障时，按照图 13－1 所示流程进行处理。

1. 故障预定位

电缆故障的预定位是指通过对已知中间接头，薄弱环节进行有针对性的排查及绝缘电

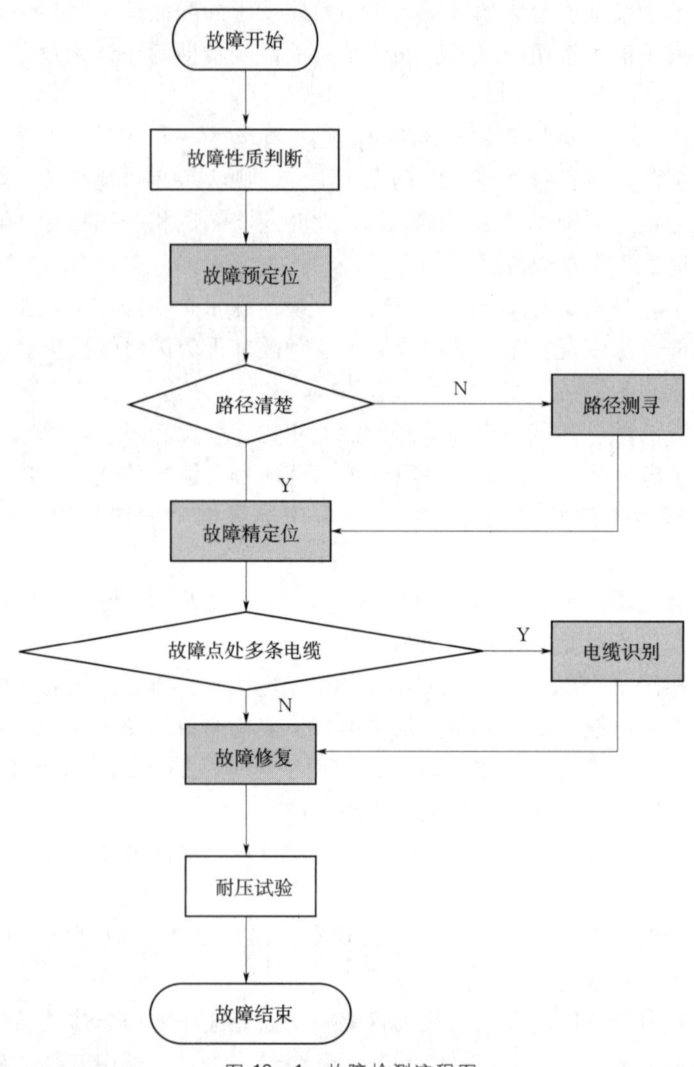

图 13-1　故障检测流程图

阻表测量对大致故障性质进行判断分析。电缆故障定位预先调查表，见表 13-1。

通过填写电缆故障定位预先调查表对故障电缆线路的已知薄弱环节进行排查，并做好下一步的数据收集工作，有利于提高电缆故障判断的正确率。

2. 电缆路径测寻

电缆路径测寻是为精确定位故障点之前做准备，在资料不全的情况下探测电缆的位置与走向。

(1) 通过现场打开电缆井、沟道判断电缆路径、走向。

(2) 通过管线定位仪等技术手段确定无管道电缆线路的走向及其埋深。

(3) 通过电缆采样资料 GIS 地理图系统查找电缆线路的路径、走向。

3. 故障精确定位

电缆故障的故障精确定位是指通过现场故障性质诊断分类与仪器测量结果确定故障点位置，具体见表 13-2。

表 13-1　　　　电缆故障定位预先调查表

1. 需演示电缆的基本情况

(1) 客户的电缆种类、运行电压等级（单位：kV）：

电力电缆（　）；通信电缆（　）；控制电缆（　）；其他：（　）

(2) 电缆的敷设方式和运行年数：直埋/电缆沟/隧道/穿管？埋深多少？电缆路径是否清楚？

____

(3) 电缆类型，电缆的大概长度，有多少个中间接头：

____

(4) 故障是怎么发现的，运行击穿还是试验不过关：

____

(5) 如果是试验击穿或者加不上电压，那么击穿电压多大，电压加到多少的时候就自动降下来：

____

(6) 是否确定过电缆的故障相和故障类型：

____

(7) 在此之前是否用过别的设备对该故障进行查找：

____

(8) 若以前找过该故障，是什么设备，简单原理是什么：

____

2. 需演示电缆故障类型判断

(1) 安全措施。

(2) 兆欧表，请注意放电。

(3) 用兆欧表测量各相对地电阻和相间电阻值，确定故障相和故障类型（单位：Ω）

	A—地	B—地	C—地	A—B	A—C	B—C
绝缘电阻						

(4) 当兆欧表显示故障电阻为 0Ω 时，换成万用表（单位：Ω）

	A—地	B—地	C—地	A—B	A—C	B—C
绝缘电阻						

工器具准备：兆欧表一只，万用表一只，放电棒一只，连接线若干。

联系人：

时间：

联系电话：

表 13-2　　现场故障性质诊断分类与测试方法选择

<table>
<tr><th colspan="2">故障性质</th><th>发生概率</th><th>测距方法选择</th><th>定点方法选择</th></tr>
<tr><td colspan="2">断线故障</td><td>比较小</td><td>低压脉冲法/或按高阻故障测试</td><td>按高阻故障测试</td></tr>
<tr><td colspan="2">短路（低阻）故障</td><td>低压电缆发生较多</td><td>低压脉冲法/脉冲电流法</td><td>声磁同步法/金属性短路故障用音频信号法定位</td></tr>
<tr><td>低阻故障</td><td>100kΩ 以下</td><td rowspan="2">80%以上</td><td>二次脉冲法/脉冲电流法/电桥法</td><td>声磁同步法</td></tr>
<tr><td>高阻故障</td><td>100kΩ 以上</td><td>二次脉冲/脉冲电流法</td><td>声磁同步法</td></tr>
<tr><td colspan="2">闪络故障</td><td>比较小</td><td>烧穿源降低阻值、二次脉冲/脉冲电流法</td><td>声磁同步法</td></tr>
</table>

4. 电缆识别

判断没有标识的并排、缠绕电缆，其中：①通过现场挂牌识别；②通过电缆识别仪器识别；③通过电缆采样资料。

5. 故障修复

修复故障电缆接头施工过程中需要注意，严格按照电缆接头附件制作说明书的要求进行制作。电缆接头施工要注意以下要点：

（1）导体的连接。导体连接要求低电阻和足够的机械强度，连接处不能出现尖角。中低压电缆导体连接常用的是压接，压接应注意：

1）选择合适的电导率和机械强度的导体连接管。

2）压接管内径与被连接线芯外径的配合间隙取 0.8～1.4mm。

3）压接后的接头电阻值不应大于等截面导体的 1.2 倍，铜导体接头抗拉强度不低于 $60N/mm^2$。

4）压接前，导体外表面与连接管内表面涂以导电胶，并用钢丝刷破坏氧化膜。

5）连接管、线芯导体上的尖角、毛边等，用锉刀或砂纸打磨光滑。

（2）内半导体屏蔽处理。凡电缆本体具有内屏蔽层的，在制作接头时必须恢复压接管导体部分的接头内屏蔽层，电缆的内半导体屏蔽均要留出一部分，以便使连接管上的连接头内屏蔽能够相互连通，确保内半导体的连续性，从而使接头接管处的场强均匀分布。

（3）外半导体屏蔽的处理。外半导体屏蔽是电缆和接头绝缘外部起均匀电场作用的半导电材料，同内半导体屏蔽一样，在电缆及接头中起到了十分重要的作用。外半导体端口必须整齐均匀还要求与绝缘平滑过渡，并在接头增绕半导体带与电缆本体外半导体屏蔽搭接连通。

（4）电缆反应力锥的处理。施工时形状、尺寸准确无误的反应力锥，在整个锥面上电位分布是相等的，在制作交联电缆反应力锥时，一般采用专用切削工具，也可以用微火稍许加热，用快刀进行切削，基本成型后，再用 2mm 厚玻璃修刮，最后用砂纸由粗至细进行打磨，直至光滑为止。

（5）金属屏蔽及接地处理。金属屏蔽在电缆及接头中的作用主要是用来传导电缆故障短路电流，以及屏蔽电磁场对临近通信设备的电磁干扰，运行状态下金属屏蔽在良好的接地状态下处于零电位，当电缆发生故障之后，它具有在极短的时间内传导短路电流的能力。热塑电缆接头接地线应可靠焊接，两端电缆本体上的金属屏蔽及铠装带牢固焊接，终端头的接地应可靠，冷缩电缆接头需要用恒力弹簧卡紧金属编织带使之可靠连接。

（6）接头的密封和机械保护。接头的密封和机械保护是确保接头安全可靠运行的保障。应绕包防水胶带，防止接头内渗入水分和潮气，另外在接头位置应搭砌接头保护槽或装设水泥保护盒、中间接头支架等。

6. 耐压试验

电缆耐压试验应注意以下事项：

（1）试验电缆工作前，认真核对路名、柜号，在指定地点工作，不得乱动无关设备。接电源需两人进行，专人监护、专人操作，电气设备要可靠接地，电源出口安装漏电保护器。

（2）分段试验电缆外护套时，电缆外护套被擦拭的前端不能接地，使其保证对地距离。被试电缆的对端要有专人看守。

（3）谐振耐压试验前测量被试电缆电容量，根据电缆电容量选择适当的设备以及合理的接线方式，以保证人身及设备安全。谐振耐压试验时，整个试验系统应在分压器最近距离单点接地，所有接地线应粗、短、直，接地应绝对可靠，确保试品在击穿时保护人身和设备安全。

（4）三芯电缆进行分相谐振耐压试验时，应一芯加压，其余两芯线连同外皮一起接地，单芯电缆应使其外皮接地，并保证电缆两端终端头对地距离，并设专人看护，确保人身安全。

（5）电缆找故障应了解现场情况、电缆路径走向，工作中要注意其他运行电缆，必要时采取保护措施。

（6）根据故障电缆选择容量适当的设备，保证人员及设备的安全。

（7）确认故障电缆点性质及电缆故障相，保证电缆无故障相及外皮要可靠接地。

（8）试验设备接完线后要认真检查确认，试验前要与工作人员联系好，看护人员到位，清场后方可开始试验。

（9）所有电气设备保证接地牢固可靠，操作人员需要两人以上。

（10）试验区要用安全绳围挡，并悬挂警告牌，要派专人严格看守。看护人员要在被试验电缆头安全距离以外看护，要严守岗位，不准任何人进入试验。

（11）在试验电缆前，确认电缆线路中无人工作，防止感应电伤人。

（12）试验加压应由两人操作，专人操作，专人监护。

（13）电缆的试验工作中，更换试验引线时，应先对设备充分放电。专业人员应戴好绝缘手套。

（14）使用故障测试仪（闪测仪，电桥）查找故障，不得少于 3 人，并保持联系，出线异常情况应立即断开电源。

（15）故障定点地段如有多条电缆，应确切辨明故障电缆，防止误判触电。

（16）定点后处理故障点之前应停止加压、断开电源，充分放电以后再进行故障点处理工作，防止触电。

（17）电缆试验结束，应对被试验电缆进行充分放电，并在被试电缆上加装临时接地线。

13.3 现场案例

电缆故障主要原因可以分为三大类，分别是生产厂家制造技术的限制、高压电缆头制作工艺不好或外力的破坏等。

13.3.1 10kV故障电缆终端头制作工艺导致故障

【故障现象】

10kV某线路分支电缆热塑终端头绝缘击穿故障，如图13-2所示。

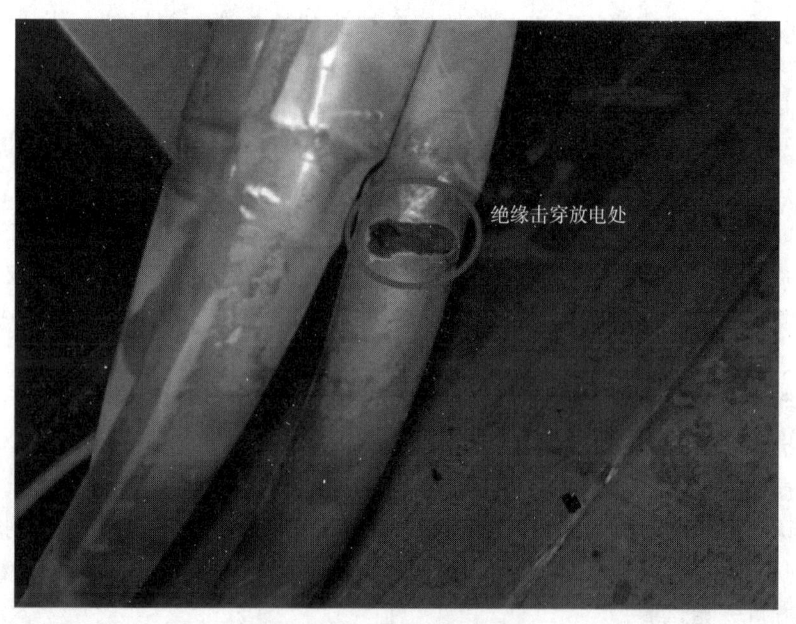

图13-2 电缆终端头击穿部位

【故障分析】

故障电缆C相三指套顶部，图13-2中击穿位置表示，C相电缆的绝缘击穿放电处。故障电缆C相的解剖照片，如图13-3所示。通过图13-3可以看出C相电缆终端头应力管与铜屏蔽层对接处绝缘击穿。

故障电缆B相为正常相，其解剖照片如图13-4所示。从图13-4可以看出虽然B相没有发生绝缘击穿故障，但应力管与铜屏蔽处绝缘已劣化。同时，从图13-4中可以看出在电缆终端头制作过程中存在很多错误的做法，具体错误有以下方面：

（1）铜屏蔽层用绝缘胶带缠绕，其作用是在电缆终端头制作中防止铜屏蔽层松散而临时固定，在热缩应力管时应取掉。

图 13-3　电缆终端头事故电缆故障相解剖图

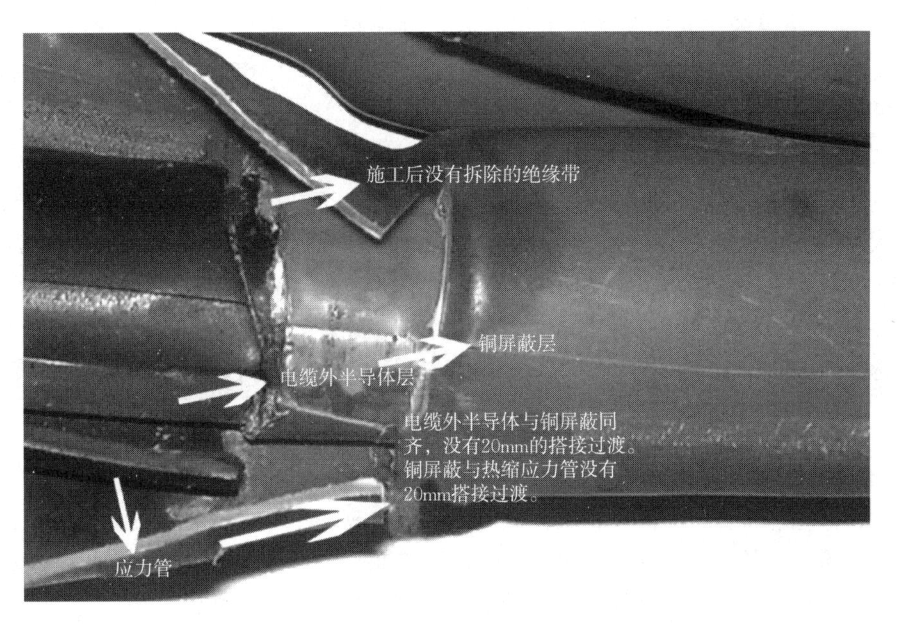

图 13-4　电缆终端头事故电缆正常相解剖图

(2) 临时固定的绝缘胶带没有取掉。如若不取掉即使应力管与铜屏蔽层搭接也起不到电场应力过渡作用。

(3) 电缆外半导体层与铜屏蔽层同齐，规定有 20mm 的搭接过渡。

(4) 应力管与电缆外半导体层和铜屏蔽层对接没有进行搭接严重违反电缆终端头的制作工艺，制作电缆终端头要求应力管与半导层连接时必须有 20mm 的搭接，这是制作电缆头制作时最重要的步骤。

三芯电力电缆最易出现故障点多在三指套附近。

电缆终端头的制作工艺造成的电场分布不均。

【故障结论】

制作过程中，如果半导电层爬电距离处理不够，制作时热收缩造成内部含有杂质、汗液及气隙等，在电缆投入运行后，都将使其中的杂质在强大电场作用下发生游离，产生树枝放电现象。对电缆终端头来说，电场畸变最严重处为金属屏蔽断开处，造成电场畸变的主要原因是：在电缆屏蔽的切断处，会产生电应力集中现象，电场强度最大，是整个接头的薄弱环节；同时，由于作业现场运行环境较差，半导体层与主绝缘表面结合处不可避免会侵入灰尘、气体等杂质，这些杂质，气隙，尖角毛刺等是造成固体绝缘介质沿面放电的主要原因。

在电缆制作工艺方面可能导致电缆终端头绝缘击穿的原因有以下方面：

（1）剥切内护套时，划伤铜屏蔽层，造成断口处电场强度增强，导致放电。

（2）剥切铜屏蔽时，用力不均，划伤半导体层，存在气隙，导致放电。

13.3.2 10kV 电缆中间接头制作工艺导致故障

【故障现象】

10kV 某线路电缆中间接头绝缘击穿故障，如图 13-5 所示。

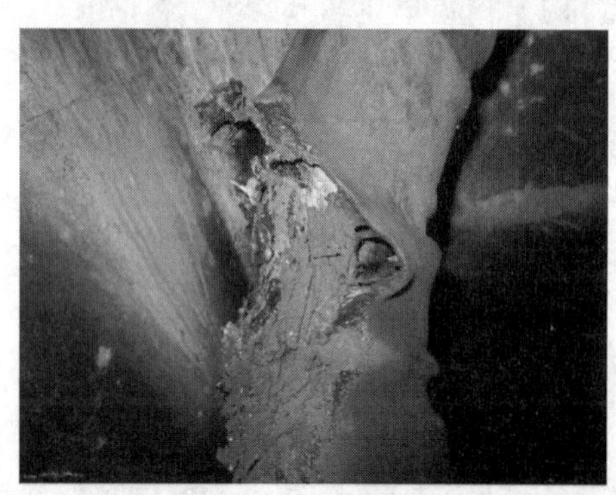

图 13-5　某线路电缆中间接头绝缘击穿

【故障分析】

对故障电缆进行解剖分析，其剖面图如图 13-6 所示。其中，导体连接部分外部缠绕的是 PVC 胶带而不是半导电胶带；PVC 胶带为绝缘材料，未按照电缆中间接头安装图纸施工。因此，造成接头处局部放电，继而引发中间接头击穿。

故障电缆单相分析如图 13-7 所示，从中看出电缆发生故障有以下原因：

（1）外屏蔽层剥削不整齐，有突起，未打磨，如图 13-7（a）所示。

（2）黑色热缩管端部不整齐，且未用半导电带做过渡形成坡口，热缩管表面有凹陷，不平滑，如图 13-7（b）所示。

（3）里层黑色热缩管与电缆导体接触，表面有凹陷，不平滑，如图 13-7（c）所示。

（4）内、外半导电热缩管的端部均没有用半导电带缠绕形成坡口，如图 13-7（d）所示。

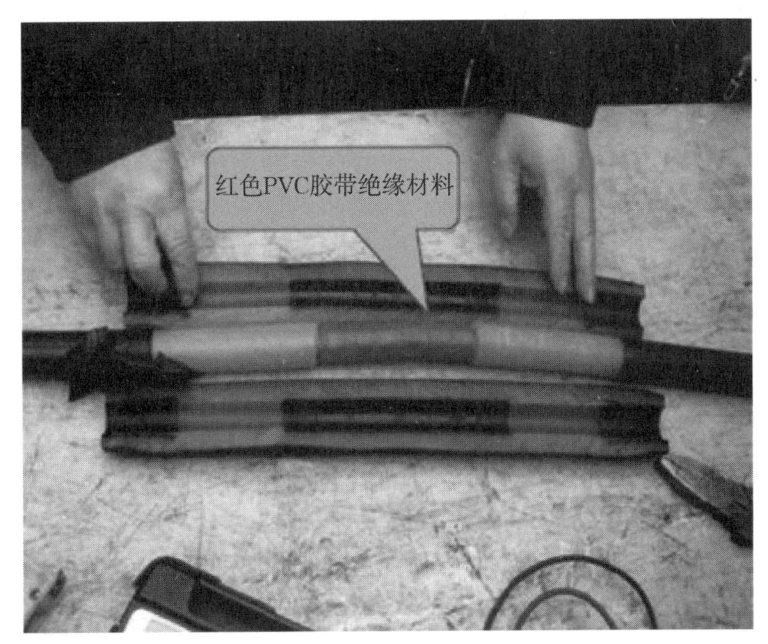

图 13-6　故障电缆剖面图

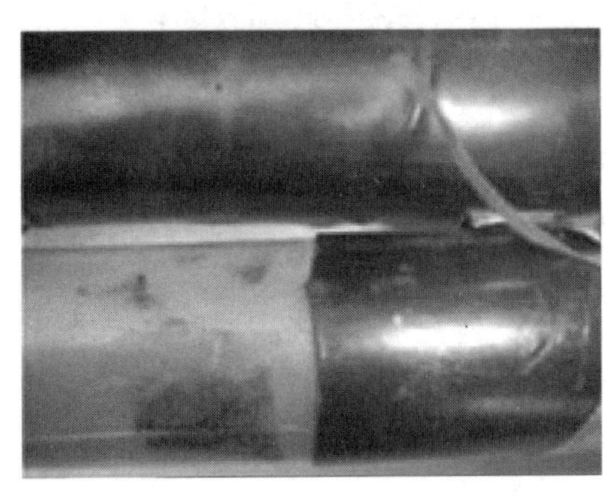

（a）外屏蔽层

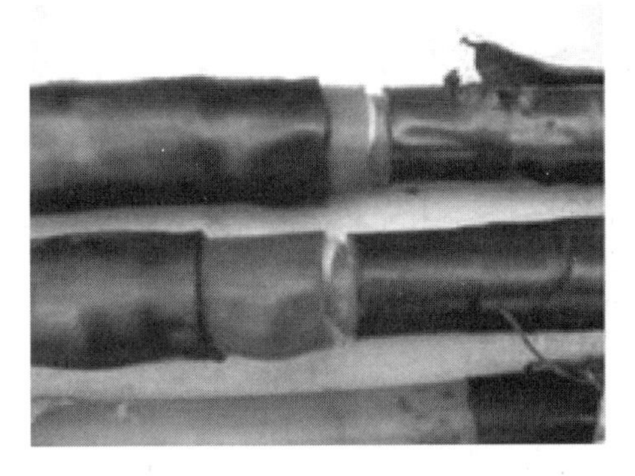

（b）热缩管端部

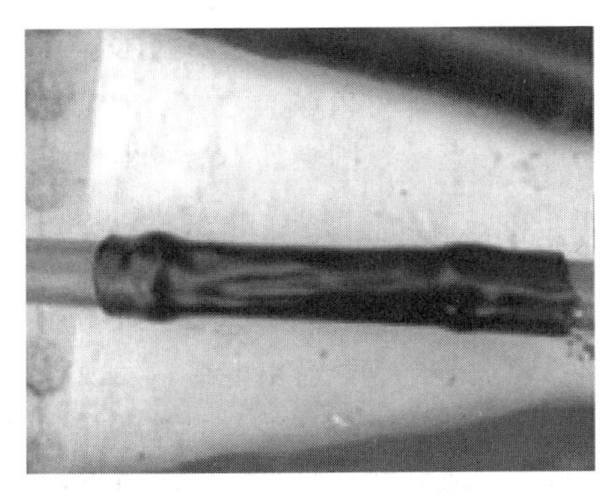

（c）热缩管与电缆导线接触

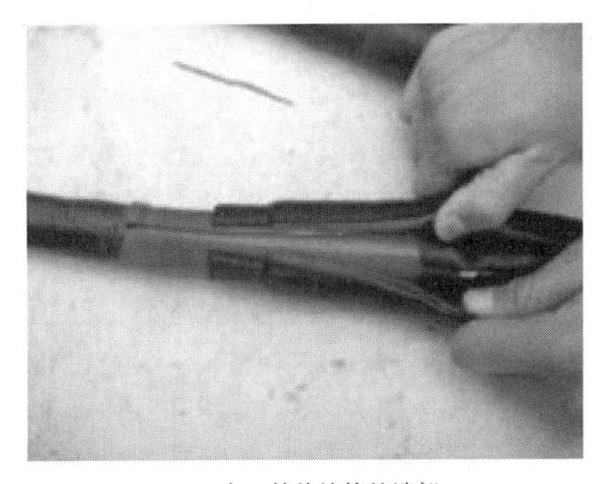

（d）内、外热缩管的端部

图 13-7　故障电缆单相分解图

【故障结论】

经过故障电缆解体分析，该电缆内、外半导电管端口不整齐有突起，且端部未缠绕半导电带形成坡口，外屏蔽层剥离不整齐，有突起是造成严重局部放电的原因。

13.3.3 10kV 电缆中间接头因外力破坏导致故障

【故障现象】

某供电局 10kV 接头外力破坏故障。

【故障分析】

2015 年 8 月 24 日，某某供电局故障电缆为 10kV 老旧电缆，约 400m，直埋，无图纸资料。电缆为联络线，两端均在塔上与架空线相连，一端在路边，易于测试，另一端在垃圾场内。路径上方曾有施工，致电缆埋深增加。实际测试，电缆为三相故障，绝缘都比较低，约 2kΩ/500V，击穿电压为 0kV，初步判断为接头故障，但不知接头位置。二次脉冲法两个波形始终重合，脉冲电流法定位不出，与之前测试结果相同。此电缆前后数次测试都是在马路边，均未能测出故障点位置。对端垃圾场环境恶劣，没有换端测试。因电缆稍短，可直接选择冲击放电并沿电缆路径测听。曾尝试在波形疑似处反复测听，甚至查完整条电缆路径，均未得出故障点。图 13－8 为事故现场图。

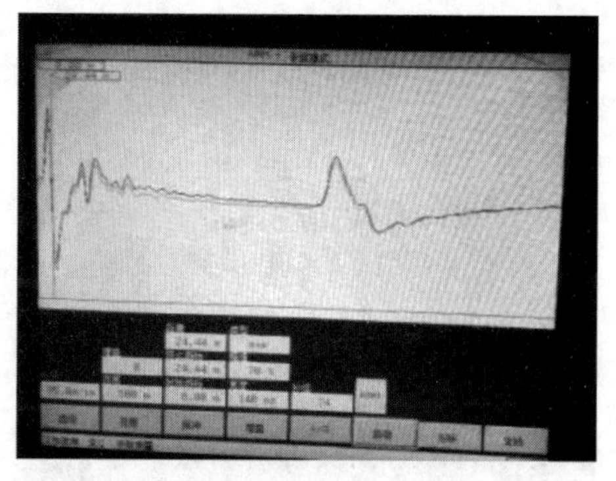

图 13－8 电缆故障测试现场

在测试过程中也尝试了烧弧功能，施加 8kV/100mA 的烧弧电流，经过一段时间后测试，发现绝缘值仍没有升高，故判断应为中间接头大量进水，造成放电燃弧不好，二次脉冲法和脉冲电流法都得不出波形。现场分析后，由于电缆埋得较深加之故障绝缘值低，现场测试的冲击放电声音应很小，无法判断。如故障点在远端，则更加不易听到，故去对侧电缆头加压测试。而对侧电缆的实际情况是：电缆路径上有一处曾施工，离电缆终端约 15m，挖掘机已离开。之前曾数次在此位置测听，未听见放电声。正巧在对侧电缆头测试时又有挖掘机在此处（垃圾场）施工，已把电缆本体挖伤（图 13－9）。直接冲击放电，才发现挖伤部位附近有放电声音。令挖掘机将电缆路径上埋土挖开露出电缆，发现了一个中间接头，已经被挖掘机直接拉断。为判断此中间接头是新故障还是唯一的故障，将中间接头打开向两端摇绝缘，绝缘值都较高，为十亿欧级别，故判断这是唯一的故障点，也正是之前一直未能判断定位的故障点。将中间接头锯下倾斜，大量水流出，证实了之前接头进水的判断，如图 13－10 所示。

图 13-9　电缆中间接头被挖机挖断

图 13-10　电缆故障点的发掘（电缆路径覆土导致埋深增加）

【故障结论】

电缆是之前由挖掘机外力破坏所致——直接将电缆拉伤，但未直接断开，测试当天挖掘机才将接头直接扯断。

由于电缆埋得较深，加上地下水位等原因，接头处大量进水，从而测试中应有的预定位波形无法得到，放电声音小，无法听到。

从此案例得到的经验是要坚持查找，不放弃，勇于尝试各种可能的方法。即使当天挖掘机没有进一步破坏电缆，但如到对端（垃圾堆）测试，由于接头位置离测试端近，冲击放电能量衰减相对会小很多，是很有可能直接听到放电声音的。

参 考 文 献

［1］ 李光辉．电力电缆施工技术［M］．北京：中国电力出版社，2008.
［2］ 国家电网公司人力资源部．国家电网公司生产技能人员职业能力培训专用教材　配电电缆［M］．北京：中国电力出版社，2010.